ぎドリル

うさぎの学校　相関図

先生たち

アンゴラ校長（♀）

フワフワの美しい毛が自慢のアンゴラ種。うさぎについての知識が豊富。いつも生徒たちを温かく見守っている。

うさお先生（♂）

保護うさぎのお母さんから生まれたミックス。人間とうさぎの関係をよりよくするために教師となった熱血先生。

クラスメイト

ロッピー（♀）

おっとりしたホーランドロップ。飼い主は若い夫婦で、ロッピーの写真を撮ってはインスタにアップしている。

アネゴ（♀）

気が強いネザーランドドワーフの女の子。自分がこのクラスのリーダーだと思っている。飼い主は獣医学部に通う大学生の女の子。

ティファニー（♀）

おしとやかなドワーフホト。ピアニストの男性に飼われている。美しいものと飼い主さんの愚痴を聞くのが好き。

友だち　友だち　友だち　手下　友だち　あこがれ

ラビくん（♂）

ライオンヘッドの男の子。うさぎにしては珍しく社交的で人間やうさぎの友だちが多い。

ぴょん助（♂）

ミニレッキスの男の子。運動神経ばつぐんで、部屋を走り回っているときに幸せを感じる。

うさぎの学校へ行こう！

あるところにうさぎの学校がありました。
みんなおはようー！
あっ！うさお先生！
うさお先生
うさお先生！見てよコレ
ワィ
ワィ
ん？
アネゴ

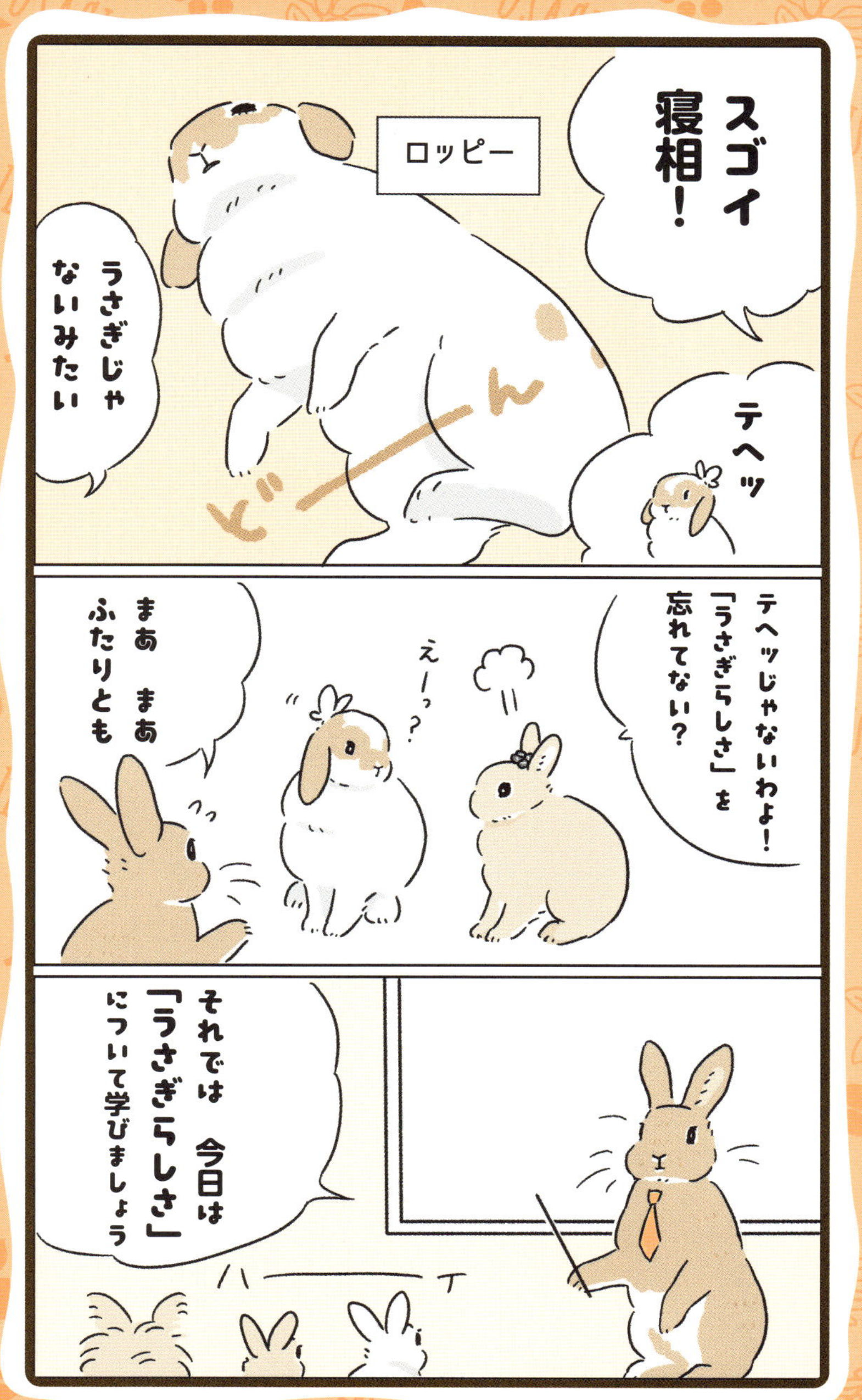
スゴイ寝相！
ロッピー
うさぎじゃないみたい
ど────ん
テヘッ
テヘッじゃないわよ！
「うさぎらしさ」を忘れてない？
えー？
まあ　まあふたりとも
それでは　今日は「うさぎらしさ」について学びましょう
ハ────イ

ハイ！
わたしたちのご先祖のアナウサギらしさが大切だと思います
ティファニー
イイネ
おお！
でも今アナに住んでないし
シーーン
ラビくん
「うさぎらしさ」っていったい……
うーん？
かじると怒られるし〜
みなさんお悩みのようですね
ガラッ
オホホホホ…

アンゴラ校長！
アンゴラ
校長
そんなときは
コレよ！
うさぎドリル
うさぎらしさを忘れず
人間と楽しく
暮らすために
このドリルで
飼い主さんと
いっしょに
学びましょう
うさぎドリ
ハーイ！
こうして生徒たちは
「うさぎドリル」を
そっと飼い主さんに
渡すのでした
ぴょん助
ZZZ
うさぎドリル

もくじ

3時間目 うさぎのきもち

『うさぎドリル』の使い方

本書の使い方を説明します。うさぎについての問いに答えて、
うさぎマスターを目指しましょう！

ステップ1
穴埋め問題にチャレンジ！

本書は穴埋め問題形式になっています。マスの数は、模範解答の文字数です。そこを意識して解答しましょう。

1 きほん

うさぎの主食は□□

ステップ2

解答をチェックしよう！

穴埋め問題の模範解答です。別解やまちがえやすいポイントについて、アンゴラ校長が添削します。

うさぎは草食動物です。雑食動物の人間や犬とは消化システムが全然違います。バナナなどは、喜んでもあげすぎてはいけません！

ステップ3
解説で理解を深めよう

答えについてのよりくわしい解説です。○だった人も×だった人も、ここを読んでうさぎについての理解を深めましょう！

うさぎは完全な草食主義者。植物の細胞は細胞壁で囲まれているため消化に時間がかかります。そのため、草食動物の腸は肉食動物と比べて長いという特徴があります。うさぎの消化管は、栄養価の低い植物で生きていけるしくみになっています。逆に栄養価の高いものを食べると、消化管の働きがおかしくなってしまいます（53ページ）。

そして、草食動物は肉食動物に狙われる立場だったため、基本のキャラクターとして警戒心の強さがベースにあります。

18

さらにくわしく学びたい飼い主さんは…

補習授業

「もっと知りたい！」という勉強熱心な方に向けて、これまでの授業に補足したい内容をあつかっています。

応用問題

出題方法を変えて、うさぎについてのあれこれを解説。リラックスして問題にチャレンジしてみてくださいね。

教えて！
校長先生
うさぎの目が乾かない理由

教えて校長先生

飼い主さんから“うさぎの学校”に届いた質問やお悩みに、アンゴラ校長が答えます。

うさぎのきほん

1時間目

うちのうさぎをより知るために、
まずはうさぎという生き物について
勉強しましょう！
合計25問、簡単ですよね？

うさぎってどんな生き物?

ちょっと まさか
ドリルやって
こなかったとか?
ぎくっ
え~ わたしも!
飼い主さんが
ドリル解いている間
寝てたわ~
ちょっと!
だめじゃない!!
!!
まあ まあ それじゃあ
みなさんいっしょに
うさぎって生き物に
ついて勉強しましょう
勉強してきた
みなさんは
復習のつもりで
どうぞ

1 きほん

うさぎの主食は□

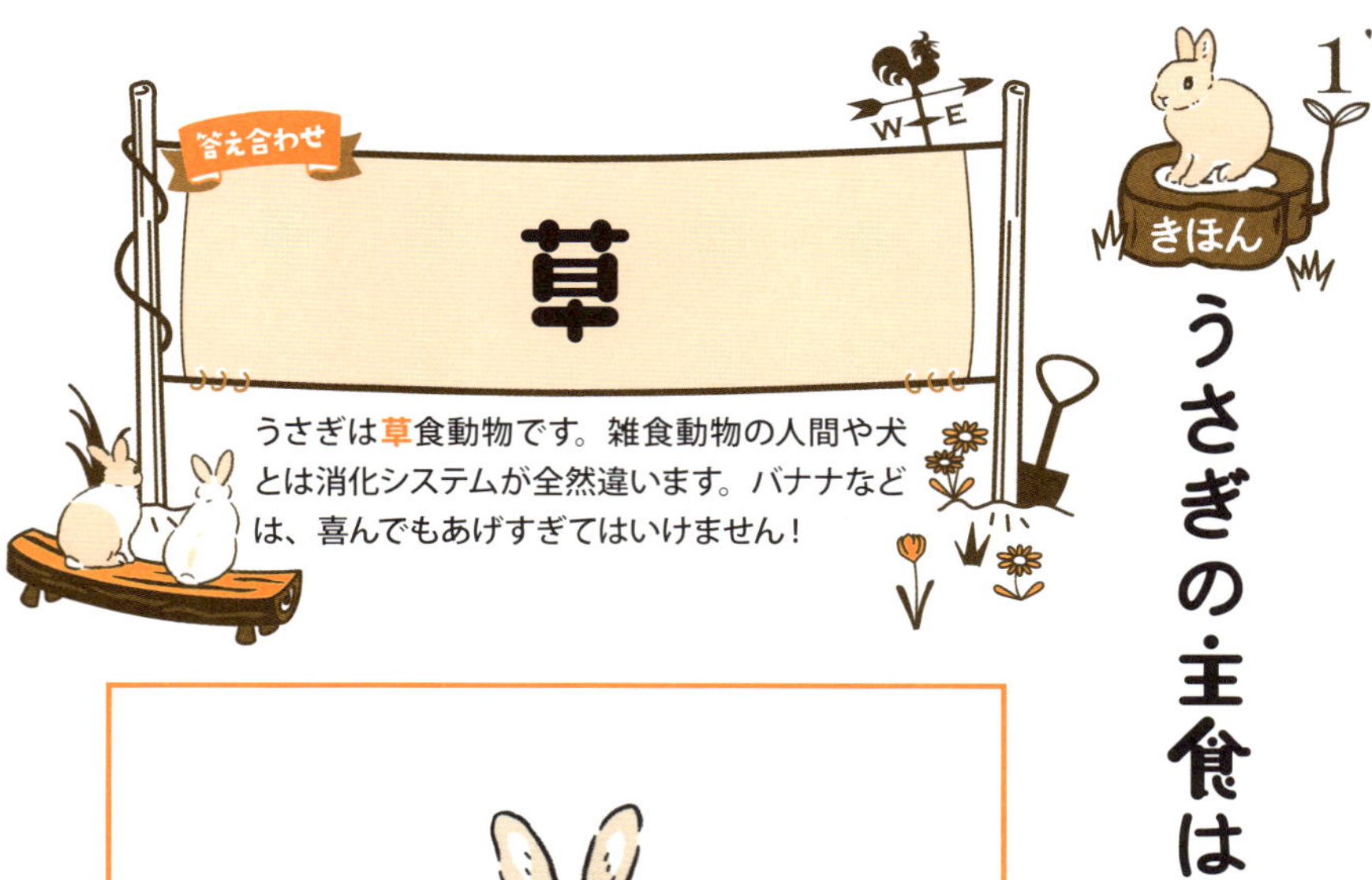

うさぎは草食動物です。雑食動物の人間や犬とは消化システムが全然違います。バナナなどは、喜んでもあげすぎてはいけません！

うさぎは完全な菜食主義者。植物の細胞は細胞壁で囲まれているため消化に時間がかかります。そのため、草食動物の腸は肉食動物と比べて長いという特徴があります。うさぎの消化管は、栄養価の低い植物で生きていけるしくみになっています。逆に栄養価の高いものを食べると、消化管の働きがおかしくなってしまいます（53ページ）。

そして、草食動物の宿命で常に肉食動物に狙われる立場だったため、基本のキャラクターとして警戒心の強さがベースにあります。

ペットうさぎの祖先は

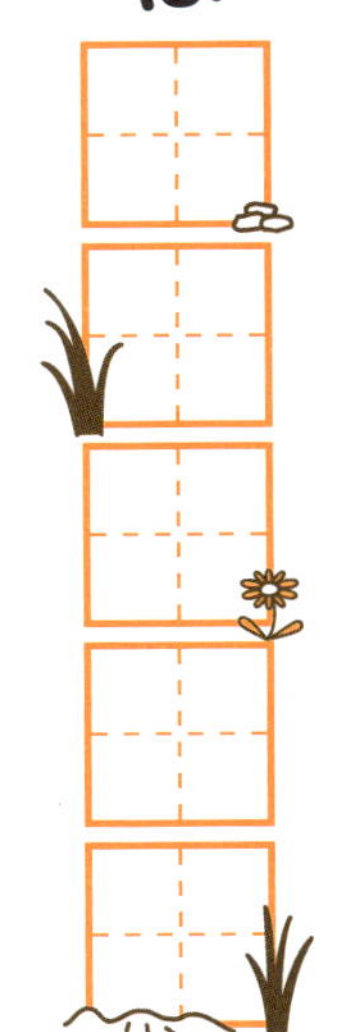

答え合わせ

アナウサギ

ネザーもロップもアンゴラも、元をたどればヨーロッパ**アナウサギ**がご先祖さま。だから見た目は違えど、飼い方なんかは共通なのです。

ペットうさぎを理解するために、その祖先についてもふり返っておきましょう。

アナウサギは、巣穴の中で仲間と集団生活をしています。

日本には「ニホンノウサギ」という野生種がいますが、ノウサギは巣穴を持たず群れもつくらず単独で生活します。

一方、群れで暮らすアナウサギには社会性があり、だから人間にもなつきペットとして飼われるようになったのです。本書で、「野生では」などと説明する場合は、ペットうさぎの祖先のアナウサギのことを言っています。

群れは□□〜□□匹くらいが暮らす

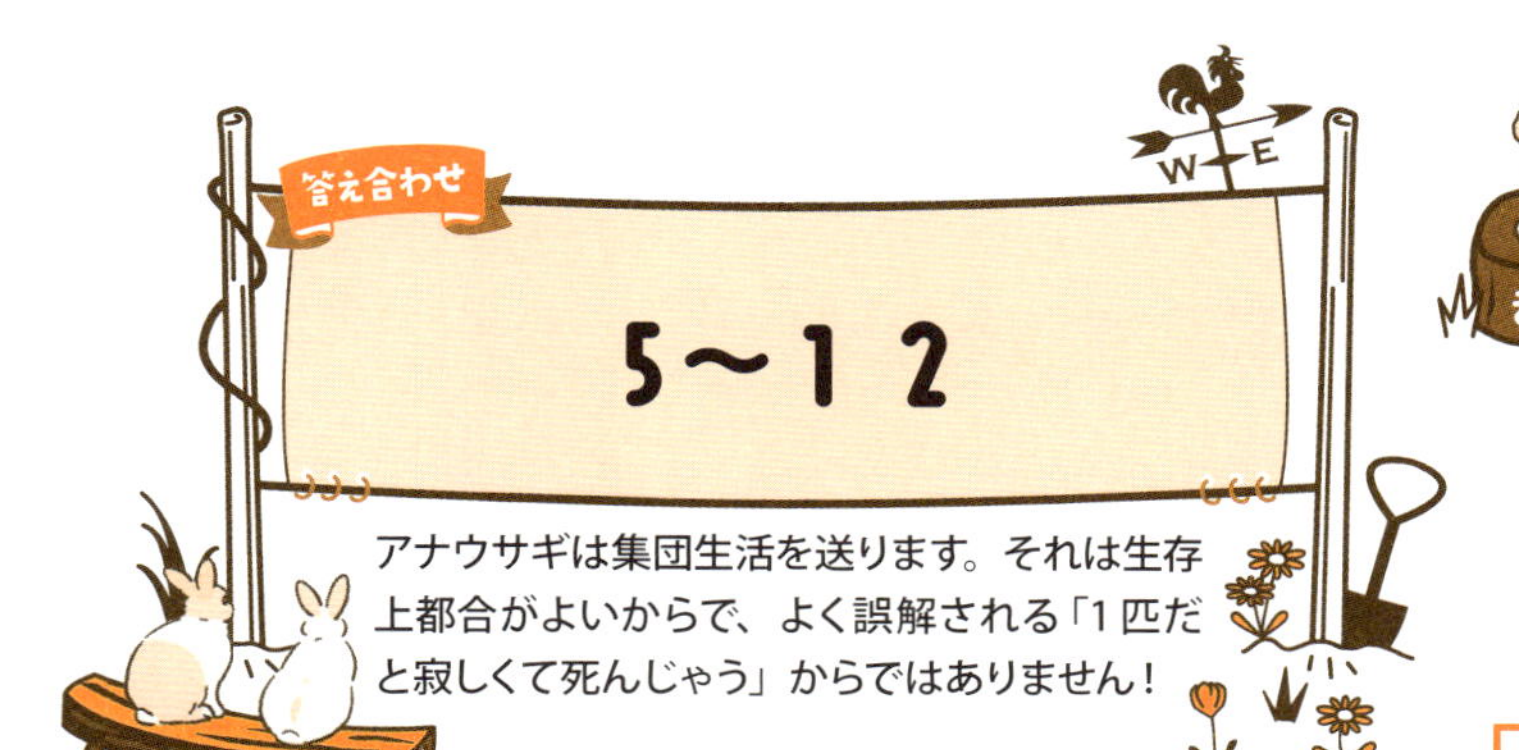

アナウサギは集団生活を送ります。それは生存上都合がよいからで、よく誤解される「1匹だと寂しくて死んじゃう」からではありません！

群れの内訳は、ふつうは1匹のオスうさぎと、メスうさぎが数匹とその子ども。**計5〜12匹くらいが、共同生活を送っています**。集団で生活をしていれば、みんなで敵を警戒することができて安心だし、繁殖相手を探す必要もありません。

群れのボスは一応オスうさぎですが、ほかのメンバー（おとなのメスたち）が服従することはありません。

ボスのお仕事は、自分のにおいをつけて回ってなわばりを守ることで、メスは守られたなわばりの中で子を育てます。

きほん 4

うさぎの結婚は□□□□制

答え合わせ

一夫多妻

「うちは結婚を考えてないから関係ない」と言わず、群れを形成する**一夫多妻制**を理解すると、うさぎの気持ちがちょっとわかりますよ。

うさぎは自然界では生き残るのが厳しい動物。そのため、なるべく多く子孫を残したいという欲求が強い生き物です。

一夫多妻といってもボスのオスうさぎは油断ができません。その座を、いつ若いオスうさぎに奪われるかわからないからです。また、メスのうさぎどうしも群れでいっしょに暮らしていますが、優位な立場にあればそれだけ安心して子どもを産み育てられるので、劣位なメスは優位なメスの座を虎視眈々と狙います。

オスもメスも自分の「立場」にとても敏感です。

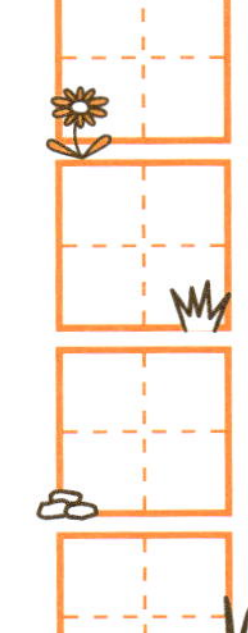

地面が固いと群れが

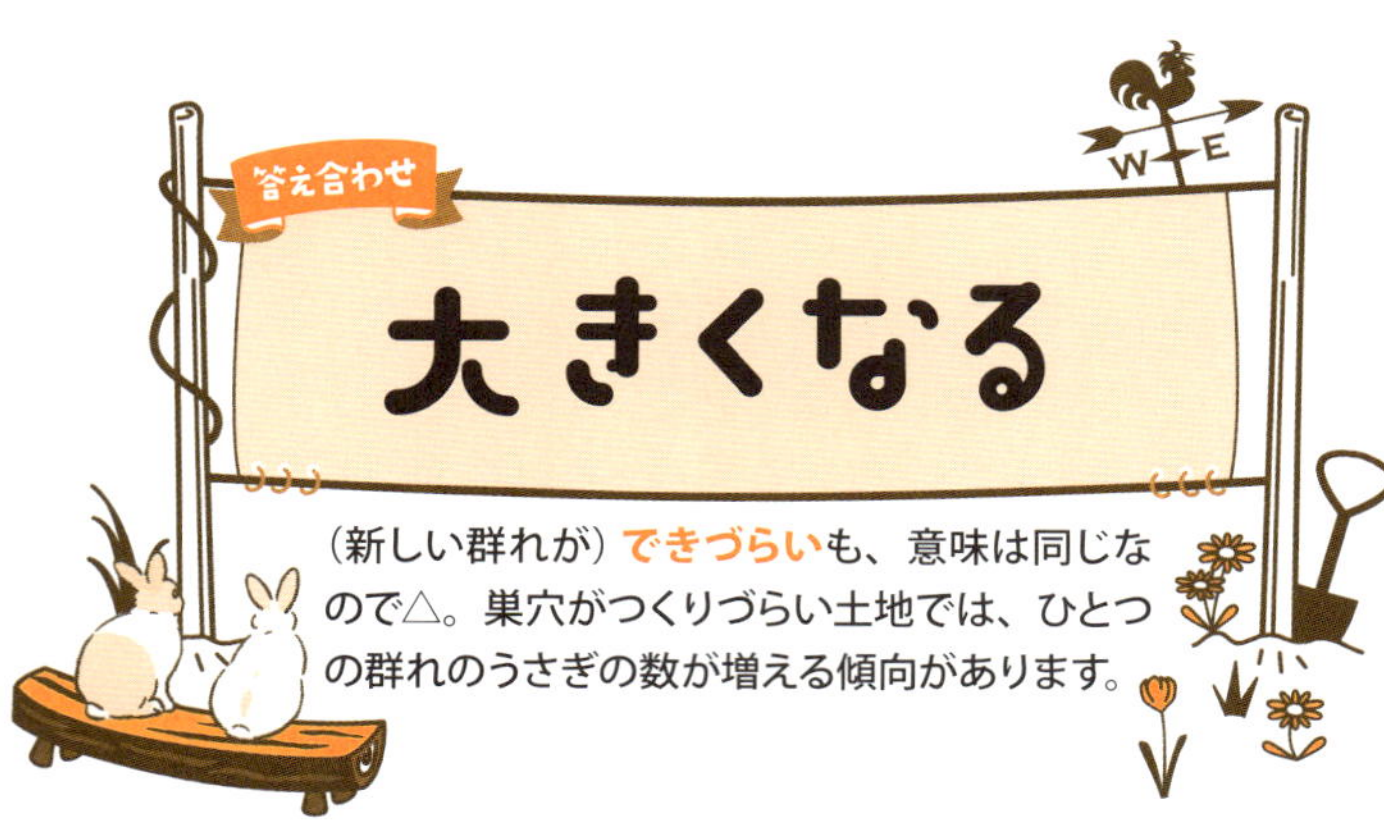

大きくなる

（新しい群れが）**できづらい**も、意味は同じなので△。巣穴がつくりづらい土地では、ひとつの群れのうさぎの数が増える傾向があります。

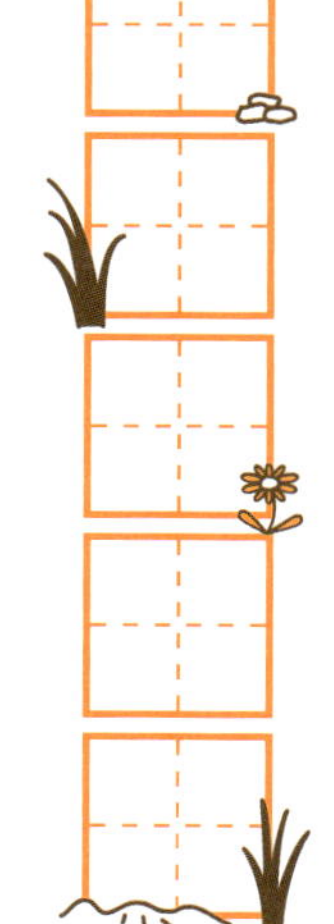

アナウサギはだいたい5〜12匹くらいが、「ワレン」という巣穴で集団生活をします。しかし、地面が固くて巣穴をつくりづらい土地では、好きなところに穴を掘るわけにもいかず、うさぎの集団は大きくなってしまいます。

群れが大きいと安心かと思いきや、ボスのオスうさぎしか繁殖が許されなかったり、メスも子育てに有利な巣穴をめぐって争ったりと、**地位争いが激しくなります**。

地面がやわらかければ巣穴をあちこちに掘れるので、巣穴をめぐる争いもありません。

うさぎの巣穴

野生のアナウサギたちは、こんな巣穴で暮らしています。こんな巣穴が掘れちゃうなんて、うさぎってスゴイですよね！

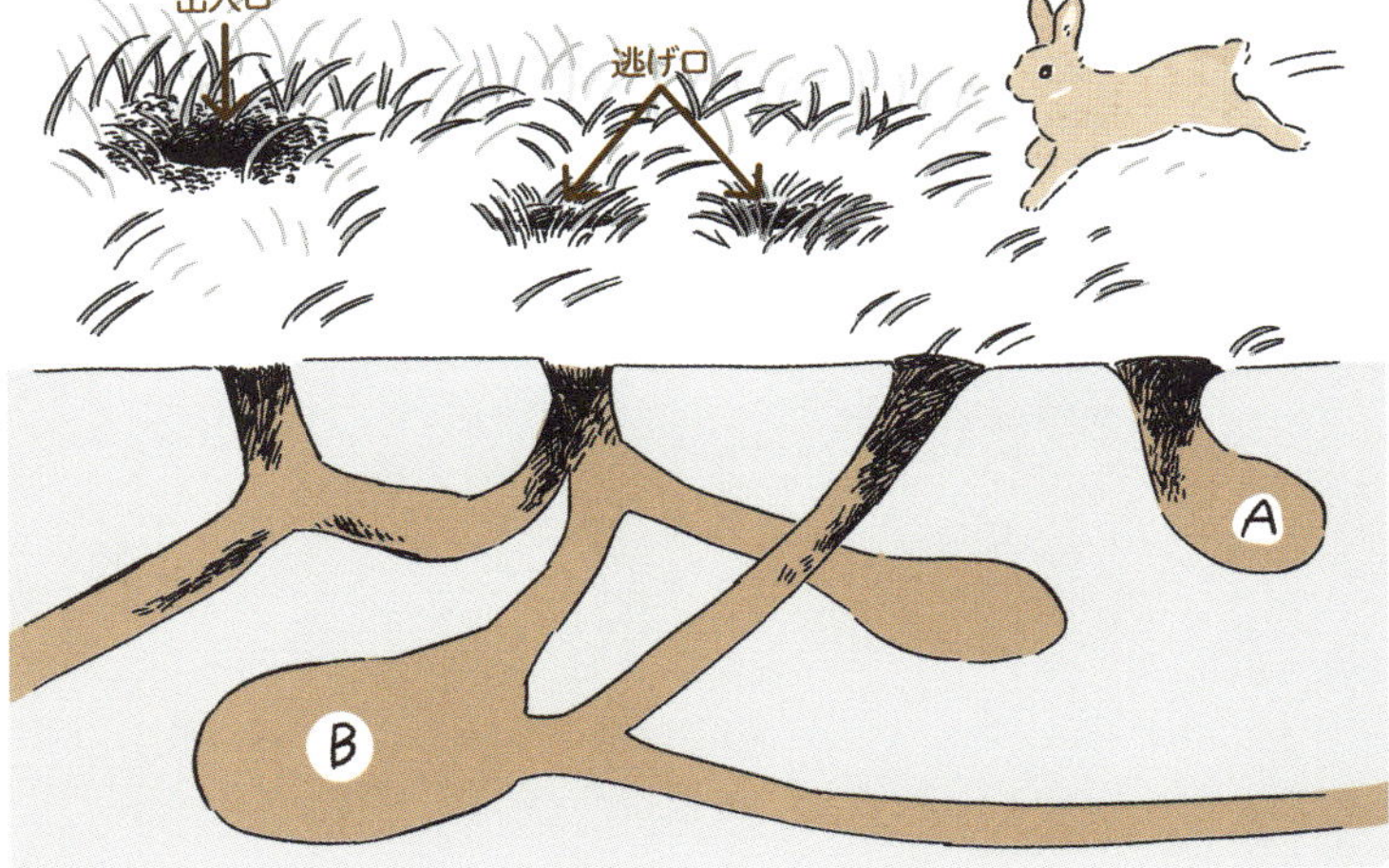

巣穴（ワレン）の中は、いくつか個室に分かれていて、それぞれがトンネルでつながっています。出産するときはこの近くに別の巣穴を掘って子どもを産みますが、優位なメスは丘の上などより安全な場所を選べます。メインの出入り口は外から掘られ、まわりに土の山が残っているために目立ちますが、秘密の逃げ口は土の中から掘ってつくられるため藪に隠されています。

応用問題

問）上のイラストで、優位なメスとその子どもの部屋はAとBのどちらでしょう？

正解）AとBのどちらがより安全かがポイント。優位なメスは、複雑なトンネルの奥にあるより安全なBの部屋が使えます。

6

きほん

うさぎの上下関係は□□□

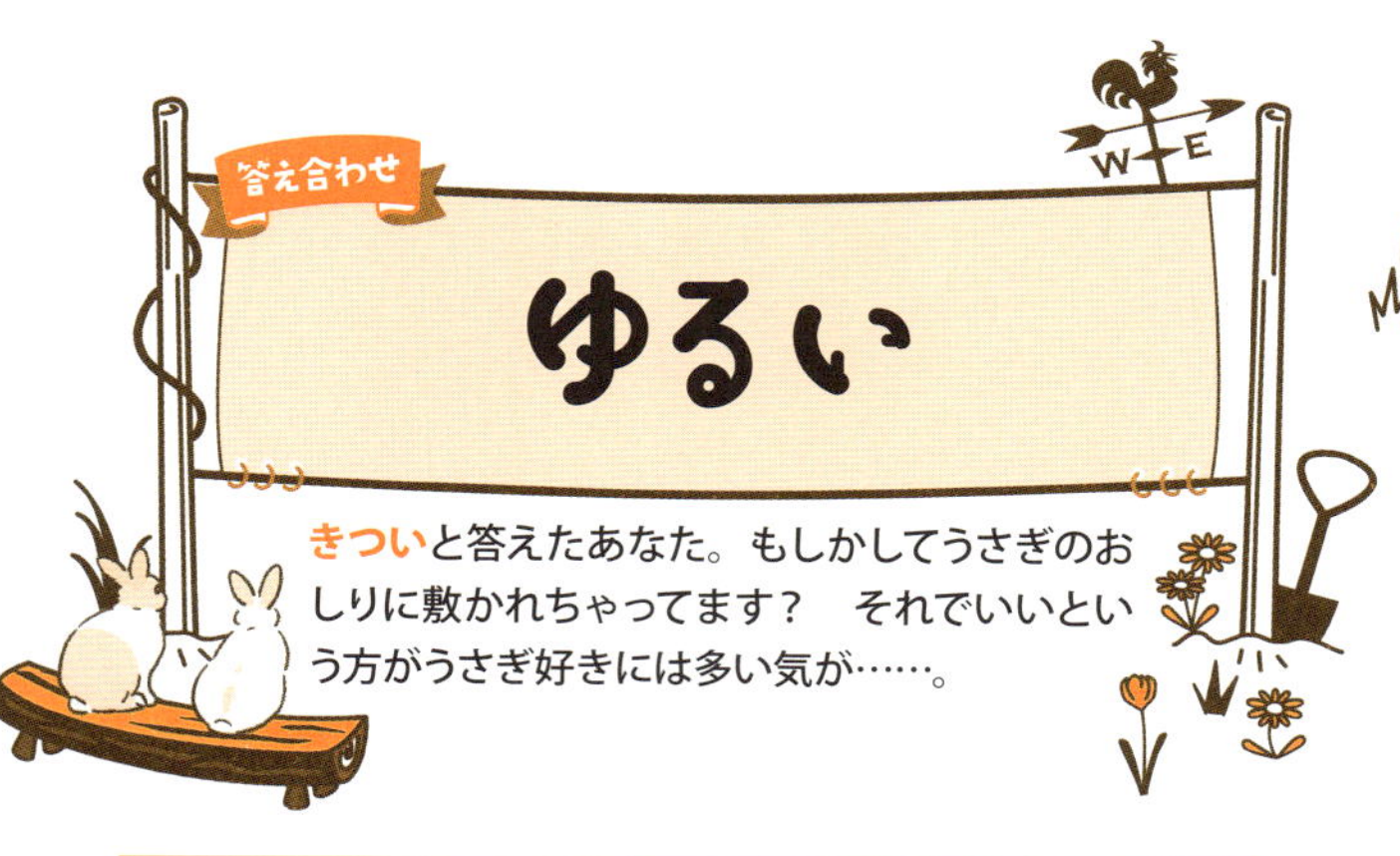

きついと答えたあなた。もしかしてうさぎのおしりに敷かれちゃってます？　それでいいという方がうさぎ好きには多い気が……。

うさぎの集団にはルールも上下関係もありますが、それはとてもゆるいもの。**メスの間には、出産場所（巣穴内の）をめぐって順位づけがありますが、ふだんは平等**。群れの中のオスが「ボス」であっても、ボスの言うことに従わなければいけないなどということはありません。ただし群れ内にオスが複数いる場合は、順位争いは激しいものに。

うさぎの群れは、必要であればグループになるけれど、群れなくても暮らしていけるゆるい関係なので、社会性はあるものの多頭飼いは難しいのです。

7 きほん

なわばりに□□□をつける

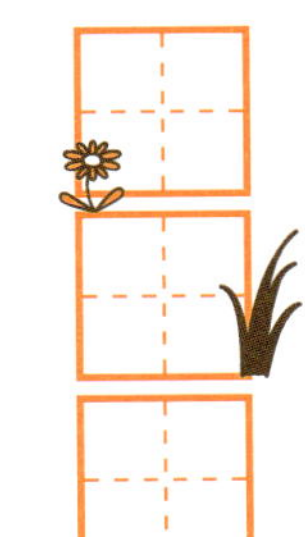

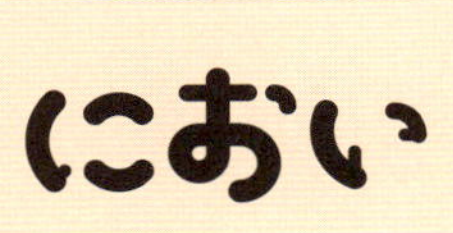

答え合わせ

におい

しるしも当てはまりますが……。 しかし、その**しるし**をどうやってつけるのかということになりますので△。ここは**におい**と答えてほしい。

敵から狙われにくいようないい場所は、みんな巣穴にしたいので、ほかのうさぎに乗っ取られたら大変です。「ここは自分のなわばり」と主張するために、**群れのボスのオスうさぎは、巣穴やその周囲に自分のにおいをつけてしっかりマーキング**します。アゴをこすりつけたり、オシッコやウンチでなわばりの境界線ににおいをつけてまわります（→p118、120）。

群れのメンバーに対してもマーキングすることがあります。オスのほうがマーキングをよくしますが、メスもします。

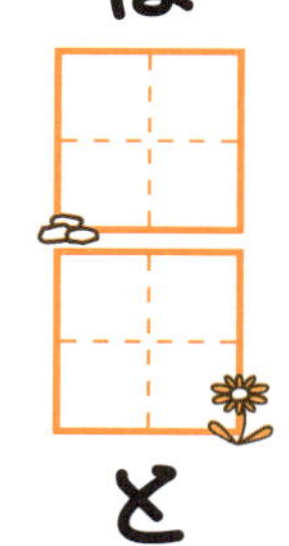

活動が活発になる時間は□□と□□

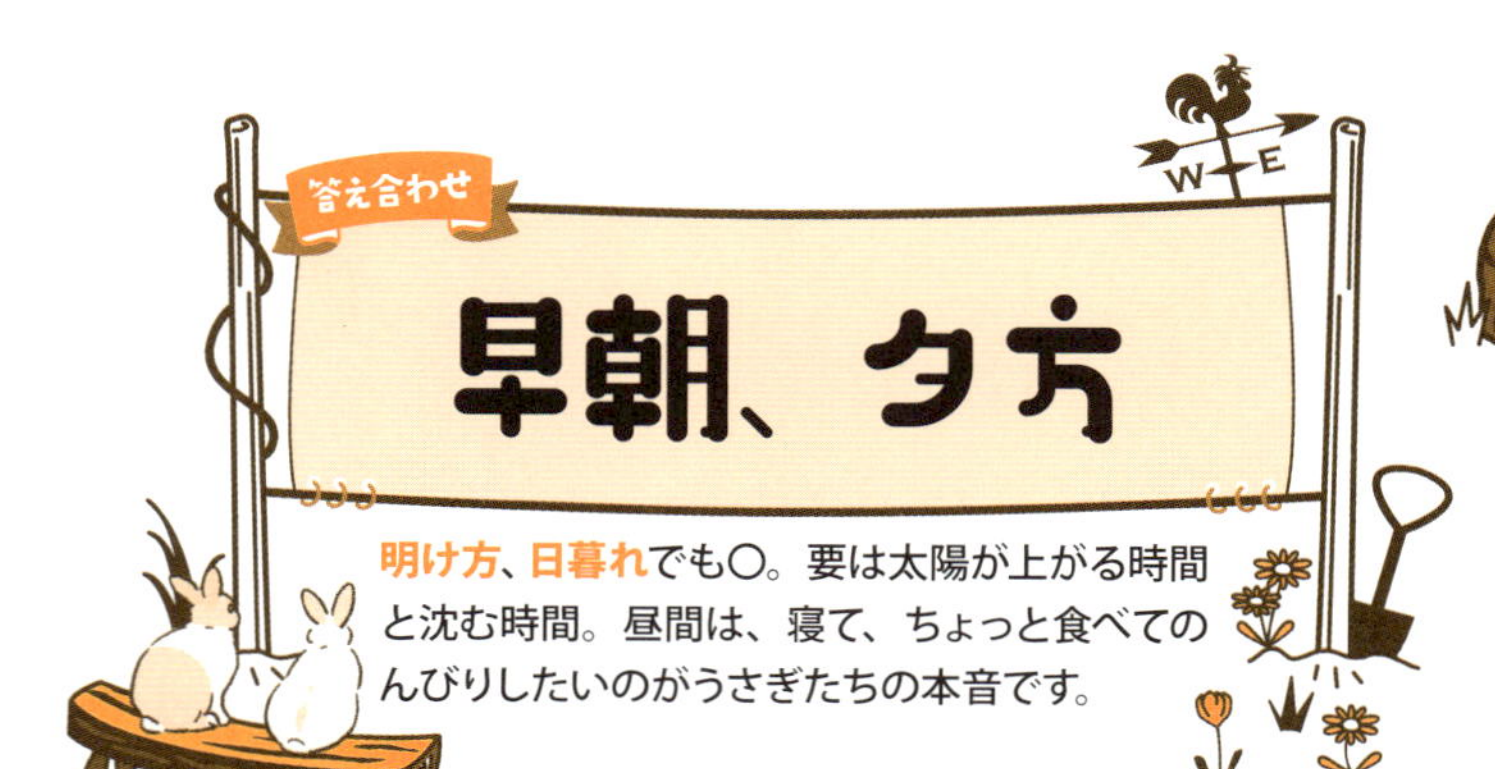

早朝、夕方

明け方、**日暮れ**でも○。要は太陽が上がる時間と沈む時間。昼間は、寝て、ちょっと食べてのんびりしたいのがうさぎたちの本音です。

野生では、うさぎを狙う肉食動物に見つかりやすい昼間や夜行性の肉食動物がウロウロする夜間は、巣穴の中に隠れて外に出ません。**活動するのはそうした肉食動物たちが寝床に帰った、明け方か日暮れ**。巣穴から出て、草を食べたり、体を動かしたり、自由を満喫します。

人間に飼われるようになって、昼間起きているなど、生活サイクルも多少変化しています。人間に合わせられるうさぎもいますが、**本来うさぎは「薄明薄暮性」**なので**無理に昼間起こすなどしないようにしましょう**。

きほん 9

うさぎは□へのこだわりが強い

答え合わせ

性

食と答えた人、それも正解ではありますが、それもこれも生きて種を残したい本能ゆえ。繁殖にかける情熱は人間が考える以上なのです。

どんな動物も子孫を残したい欲求はありますが、被捕食動物であるうさぎは特にその思いが強くあります。自然界での立場が弱いうさぎは、野生では長生きは難しく、1歳を超えて生きている個体は多くありません。そこで、うさぎという種を絶やさないために、繁殖力が高くなっています。

たとえばオスは1年中発情し、メスは交尾をすれば高い確率で妊娠します。それだけ性への思いが強い動物なので、発情したのに交尾ができないのはつらいことかもしれません。

10 きほん

生後4か月くらいで□□□を迎える

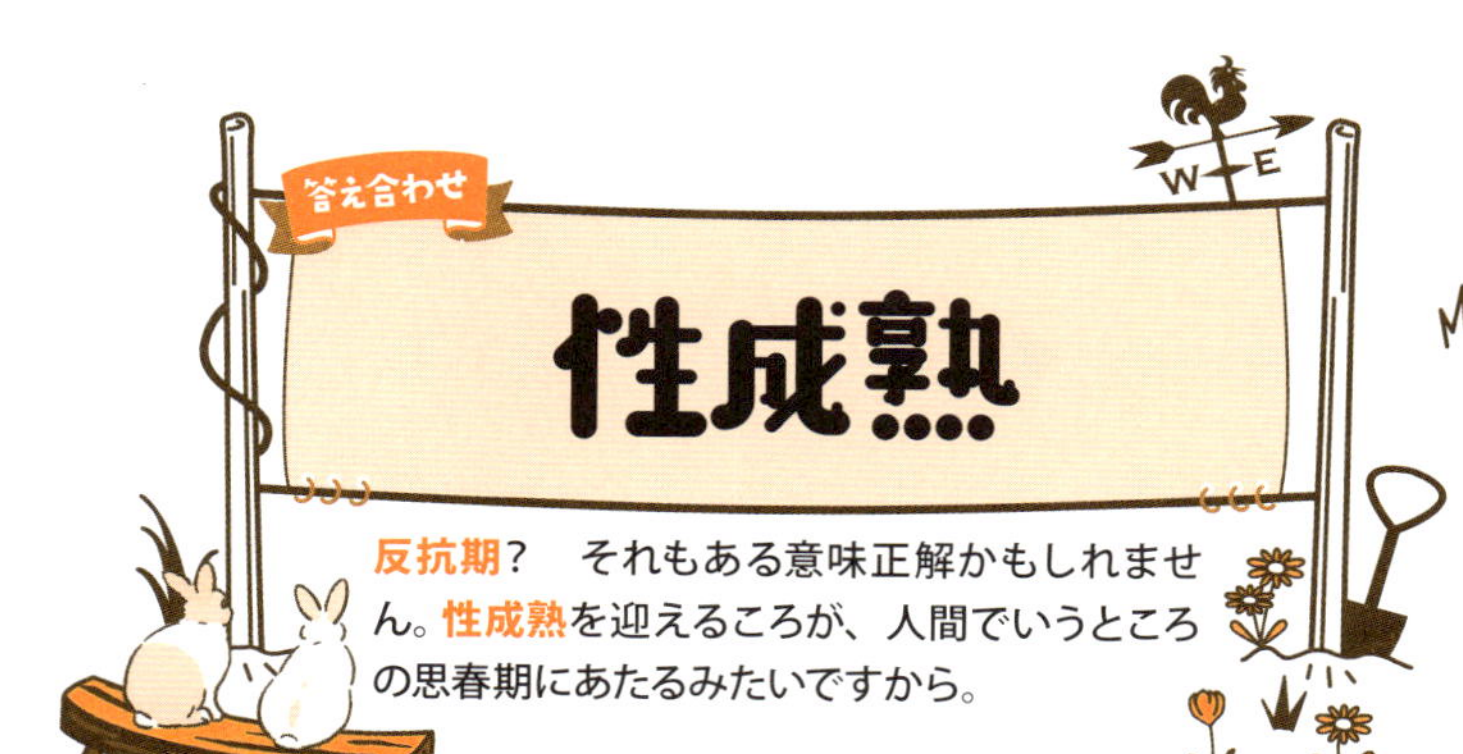

反抗期？　それもある意味正解かもしれません。**性成熟**を迎えるころが、人間でいうところの思春期にあたるみたいですから。

4ヶ月

個体差や品種によっても異なりますが、だいたい生後4か月くらいでオスもメスも繁殖できる体に変化します。オスは睾丸が降りてくるのでより変化がわかりやすいでしょう。

今まで抱っこも嫌がらずにさせてくれていたのが、**性成熟を迎えると、なわばり意識が強くなり触ると攻撃してきたりします。**急激な変わりようにショックを受ける飼い主さんも多くいますが、それも一人前に成長した証。こちらも**子うさぎのときと同じ意識で接するのではなく、一人前として扱ってあげましょう。**

HOSYU JYUGYO
もっと知りたい
補習授業
うさぎのライフサイクル

ペットうさぎのライフステージは大きく4つに分けられます。今は寿命も延びてきて老年期でも若々しいうさぎさんも増えてきましたね。

幼少期　誕生～生後4か月

アナウサギは、無毛で目も開かず、お母さんのお世話が必要な状態で生まれてきます。野生では生後25日くらいで巣立ちを迎えますが、ペットのうさぎは2か月くらいで各家庭に迎えられます。この時期はまだ体が完全につくられていないので健康に気を配りつつ、飼い主さんのにおいや声を覚えさせるようにします。

思春期　4か月～3歳

性成熟を迎え、オスやメスとしての全盛期を迎える時期。オスはなわばりを広げたい欲求が高まり、行動を制限されると攻撃的になることも。メスもなわばりや自分の体を守りたい意識が高まります。

壮年期　3歳～5、6歳

人間との暮らしに慣れ、若いときのような勢いも落ち着き、うさぎにとっても飼い主さんにとってもすごしやすい時期です。1年で体力の変化も大きく、メスの子宮疾患をはじめ病気にもかかりやすくなるので注意が必要です。

老年期　5～7歳以上

見た目には変化がなくても、食が細くなったり、足腰も弱まったりと体は変化しています。ケージ内をバリアフリーにし、食事の内容も体調に合わせて変えるなどしてあげましょう。若いころから健康に気をつけてあげることで、10歳を超えて長生きしてくれることもあります。

11 きほん

うさぎは□□□□が豊かな動物

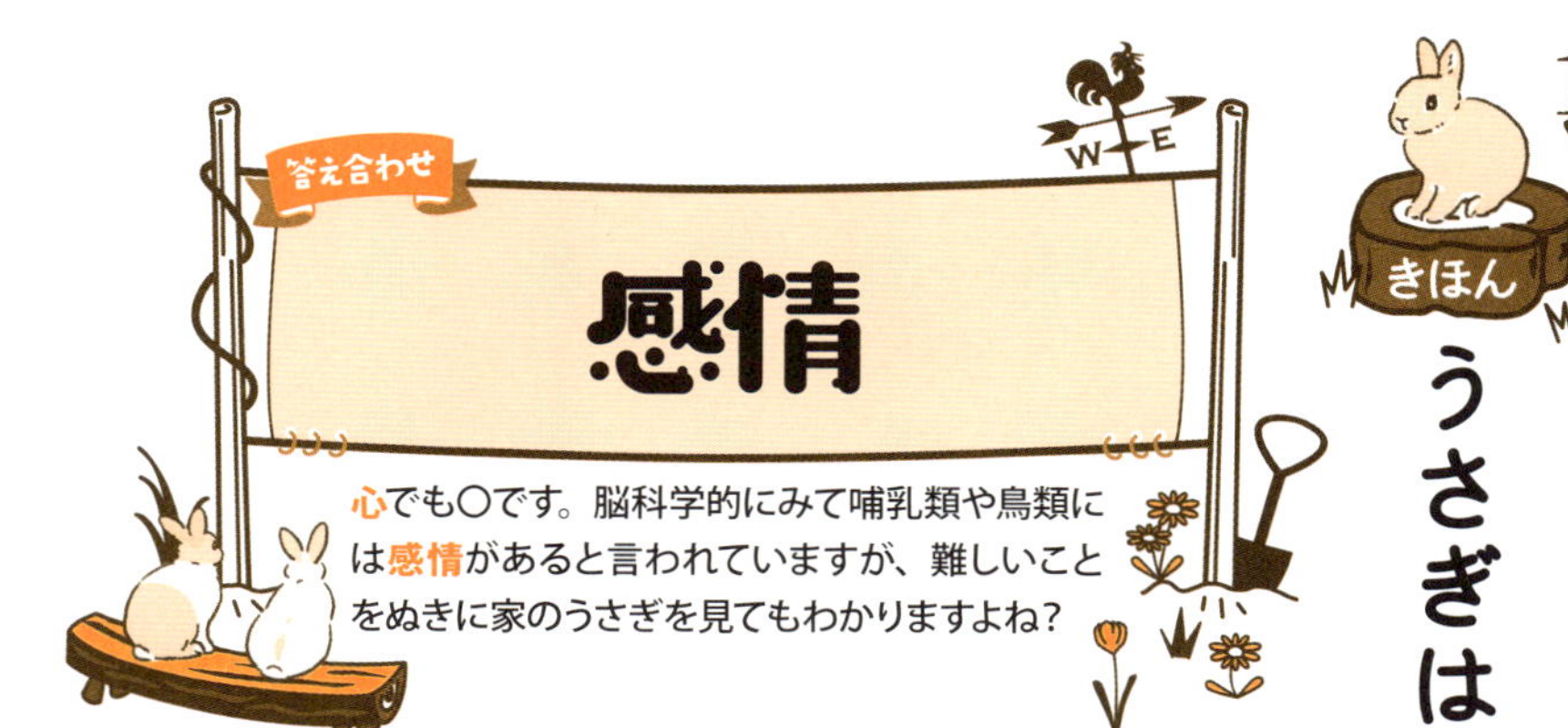

心でも○です。脳科学的にみて哺乳類や鳥類には感情があると言われていますが、難しいことをぬきに家のうさぎを見てもわかりますよね？

野生時代は生きることに必死で豊かな感情を持つ余裕はありませんでしたが、ペットとして安心して暮らすことで感情豊かになりました。

喜怒哀楽の「哀」を持つかどうかは不明ですが、「喜」「怒」はうさぎと暮らす人であればよく目にするはず。「楽」もケージの外で遊んでいる姿などから伝わってきます。

うさぎの感情はしぐさや行動に自然と表れますが、人間がそれを理解していることがわかると、もっと積極的に表現しようという気になってくれます。

12

きほん

いつもと□□が幸せ

答え合わせ

同じ

うさぎにとっていつもと違うは「危険」で、いつもと同じは「安心」を意味します。安心して過ごせるのが、うさぎは何より幸せなのです。

いつもと違う音やにおいを敏感に察知することで、野生のうさぎは敵から身を守ってきました。うさぎに限らずどんな動物でも、命の危険が迫っていれば幸せなど感じていられません。

特にうさぎは、野生では捕食される立場で、常に命の危機と隣り合わせだったため、危険や変化に常に敏感。神経が図太い子も中にはいますが、基本的にはいつもと同じ安心な生活を送りたいのです。

変化には、環境だけでなく、飼い主さんの心の変化も含まれます（↓159ページ）。

13

きほん

□を開けて寝る

だれかさんみたいに、口ではありませんよ！
うさぎは目を開けて寝ます。寝ているのか起きているのか知る方法は 94 ページを参照。

うさぎは**目を開け、頭を起こしたままの姿勢で眠ります**。これは、敵がくればすぐに逃げ出さなければならないため。この姿勢で**熟睡することなく、ごく短い眠りをくり返す**のです。

寝姿にもうさぎの警戒心の強さが表れていますが、最近は安心しきった寝姿を見せてくれるうさぎもいます（→98、99ページ）。

ちなみに、うさぎはまばたきもあまりしません。目を開けたままでなぜ目が乾かないのかというと、涙が油分を含み蒸発しにくい成分でできているからです。

14 きほん

広い場所より□□□□が落ちつく

答え合わせ

狭い場所

すみっこ、すき間も正解です！「そんな狭いところに入って……」と思うかもしれませんが、何か好きなんですよね〜。

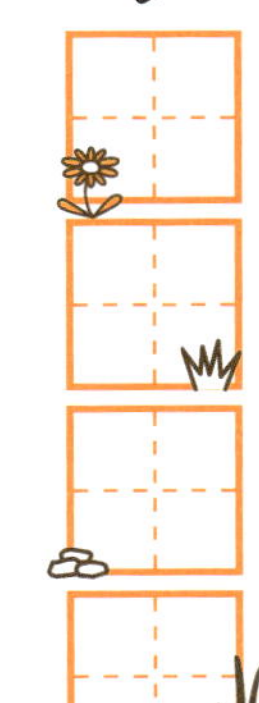

アナウサギは、昼間はうす暗い地中の巣穴に隠れて休み、明け方や夕暮れになると地上に出て過ごします。広い地上は自由に過ごせる喜びもありますが、常に敵を警戒しなければならない緊張感もあることでしょう。

ペットとして暮らすようになってもその名残りで、広い場所はなんとなく落ちつかず、ケージや部屋のすみなど狭い場所を好みます。

ちなみにペットにとってはケージが自分の巣穴。ケージ内にいるときは完全なオフモードなのであまりかまわないように。

場所では33ページとかぶってしまうので、もう少しひねって！　あなたのうさぎさんもよくすき間に挟まっていませんか？

15 きほん

狭い□□□は巣穴を思い出す

狭い場所が落ちつくのと同じで、家具と家具のすき間など、何かと何かの間に体をすっぽり入れるのもうさぎは大好き。

特に体にフィットするような狭いすき間は、巣穴を思い出すよう。体が壁などにくっついていると守られているようで安心するようです。

飼い主さんが座る足と足の間とか、そんなところにも入りたがる子もいます。挟まったり寄りかかったりできるのは、危害を加えないという信頼の証しなので、信頼にこたえて手出しをせずに見守ってあげるとよいでしょう。

16 きほん

好きな相手と□□□□□いたい

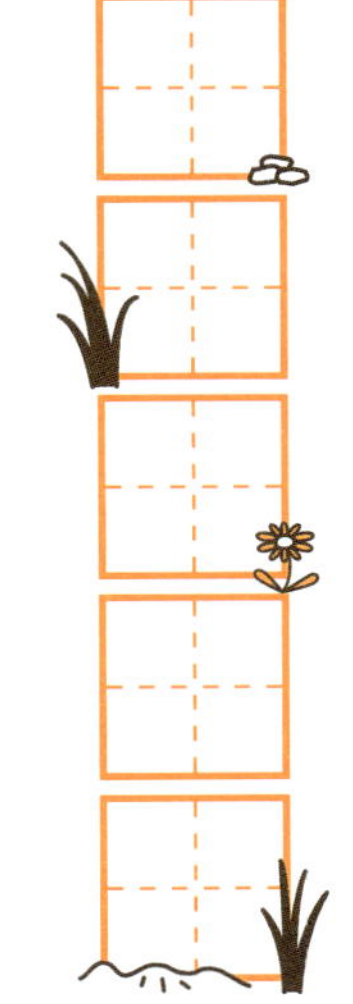

答え合わせ

くっついて

ずーっと？　なんてロマンチックな解答！　字数無視ですが、○をあげたくなっちゃいます。でも、正解は↑のくっついてです。

アナウサギは、巣穴の中で生まれると、きょうだいがくっついて暖をとりつつ母うさぎが授乳に来るのを待ちます。子うさぎ時代を思い出すのか、仲よしどうしのうさぎはくっついていると安心するようです。34ページの飼い主さんの足の間に挟まったり寄りかかったりも、そうすると安心だから。

ちなみに、鼻と鼻をくっつけるのはにおいを嗅いで相手の様子をうかがうしぐさです。鼻は急所で、ガブッとかみつかれると大変なので、すぐに引ける姿勢でにおいを嗅ぎます。

17

きほん

なわばりの侵入者は□□する

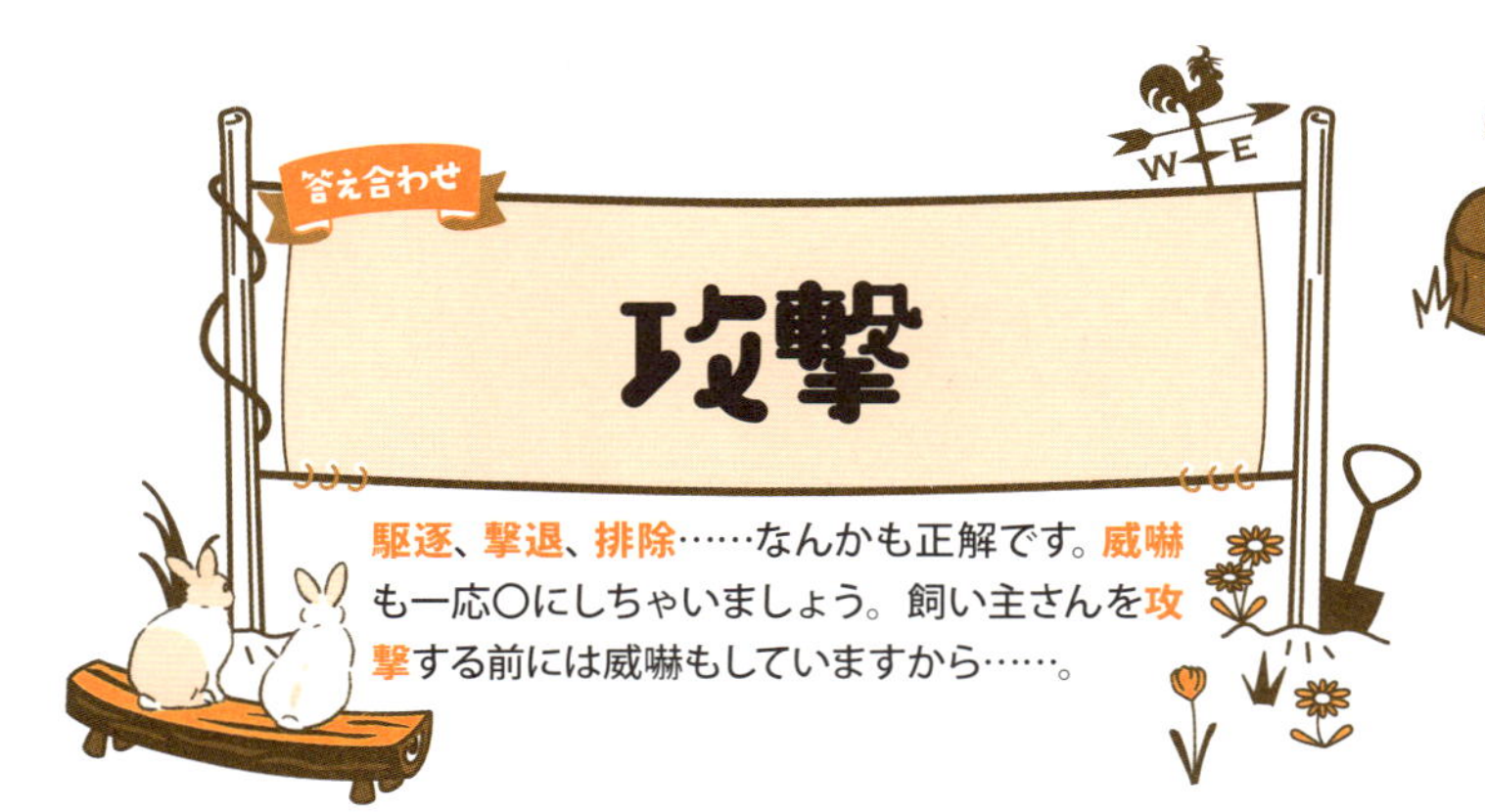

駆逐、撃退、排除……なんかも正解です。威嚇も一応○にしちゃいましょう。飼い主さんを攻撃する前には威嚇もしていますから……。

野生では、なわばりを守るのはボスのオスうさぎの仕事です。ボスうさぎはなわばり内の地面や柵、木の幹やしげみなどに自分のにおいをつけて回り、その中に入ってくる侵入者を攻撃して追いはらいます。

人間に飼われるようになっても、なわばり意識の強いうさぎはオスメス関係なくいて、その子たちはケージの外にも自分のにおいをつけて回ります。においをつけたところを自分のなわばりと考え、ほかのうさぎや人間などが侵入してくると攻撃してきたりします。

正解は**オス**。**メス**どうしは案外うまくいくこともあるそう。でも、あくまでもうさぎどうしの話で、うさぎと人間の性別の相性は？？

どうしの多頭飼いは難しい

うさぎは群れで暮らす動物だから多頭飼いがいいかというと、まったくそうではありません。特に、**同じ群れにオスが複数いると、激しいなわばり争いが起こる可能性が高い**でしょう。部屋中にオシッコでにおいをつけて回るなどするので、いっしょに暮らす人間にとってもストレスが大きいかもしれません。

メスどうしは、野生では許容しあうことができるので、オスよりも多頭飼いがしやすいようですが、やはりそれも相性しだい。**多頭飼育ができるかどうかは個体によります。**

初対面では□□□のにおいをチェック

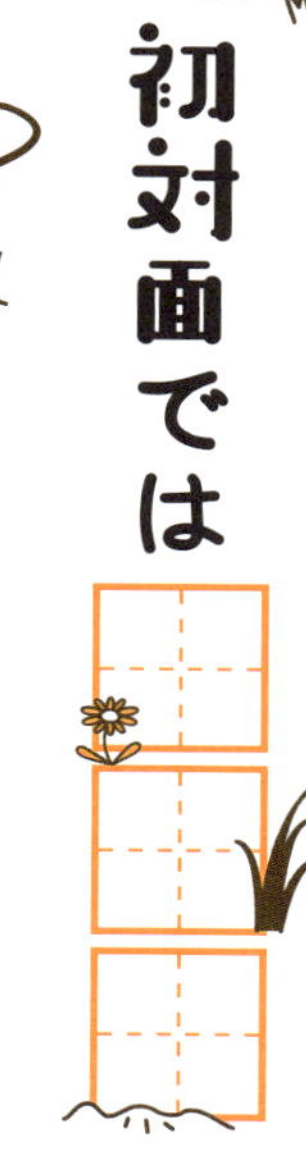

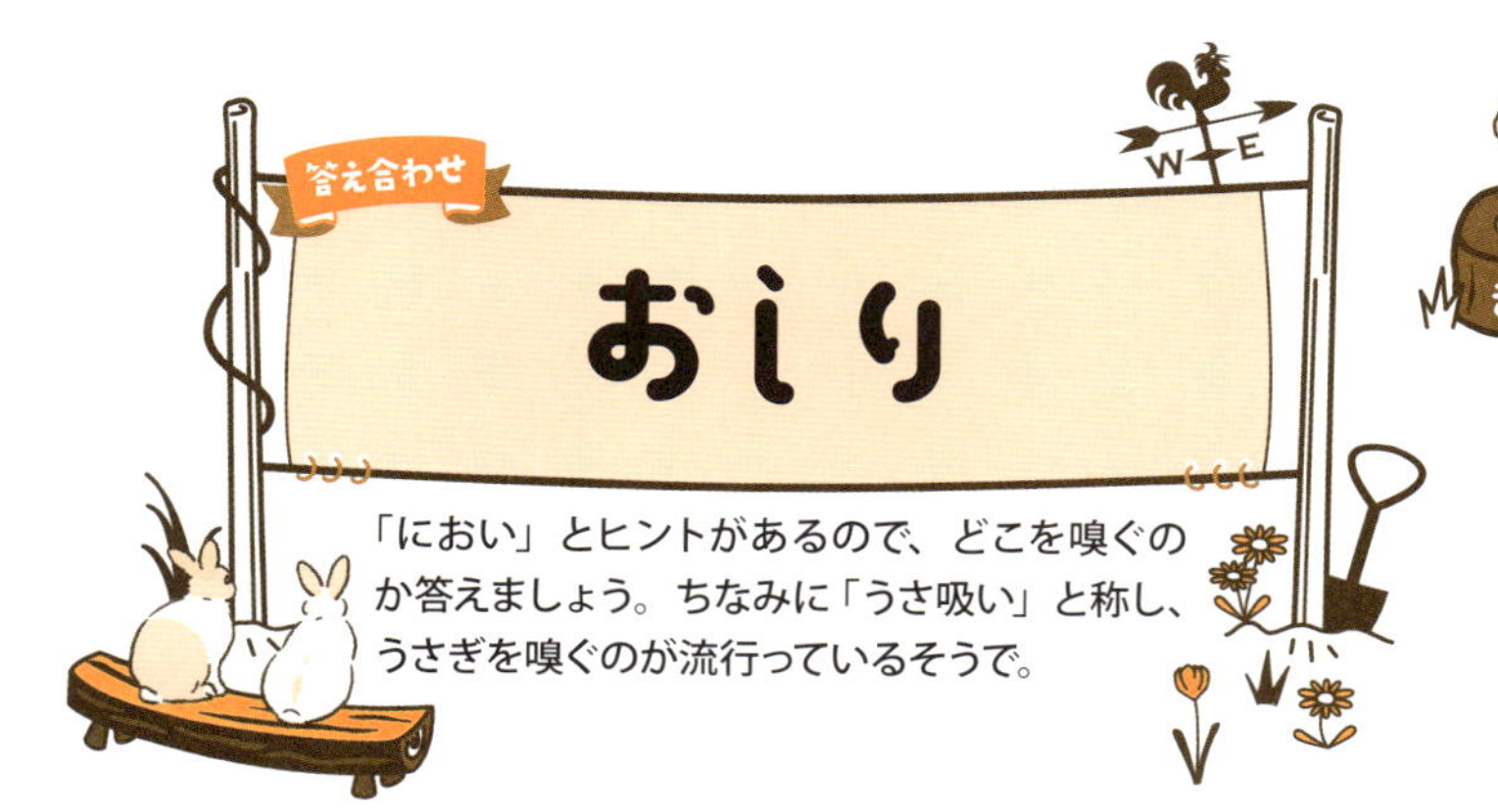

「におい」とヒントがあるので、どこを嗅ぐのか答えましょう。ちなみに「うさ吸い」と称し、うさぎを嗅ぐのが流行っているそうで。

なわばりの主張もにおいづけで行いますが、**うさぎの個人情報はにおいに凝縮されています**。においの出る臭腺はあごの下と肛門と生殖器の脇にあります。

見知らぬうさぎに出会うと、お互いまずは**おしりのあたりのにおいを嗅いで、相手の健康状態や年齢、性別など情報を交換**。ただしそれは友好的な相手の場合。警戒する相手にはにおいは嗅がせません。

また、ウンチにも肛門の臭腺のにおいがつくので、なわばりの主張や繁殖相手を探るために役立ちます（→120ページ）。

20 きほん

同性のマウンティングは□□□の表れ

答え合わせ

優位性

同性愛……ではないようです。仲よし……でもありません。正解は優位性。「オレ（わたし）のが上！」という意味です。

マウンティングは、相手に乗っかって交尾の体勢をとることですが、異性相手ではなく同性に対して行う場合があります。これは、乗っかっても相手が拒否しないということで、マウンティングをしたほうが「優位」なうさぎであるということ。メスでもマウンティングする子はいます。

また、飼い主さんにマウンティングするのは、「愛情のあまり」の場合もありますが、「させてくれるからしている」場合もあります。後者の子は、飼い主さんより自分のほうが上だと思っているようです。

＿＿＿＿は場所を決めて出す

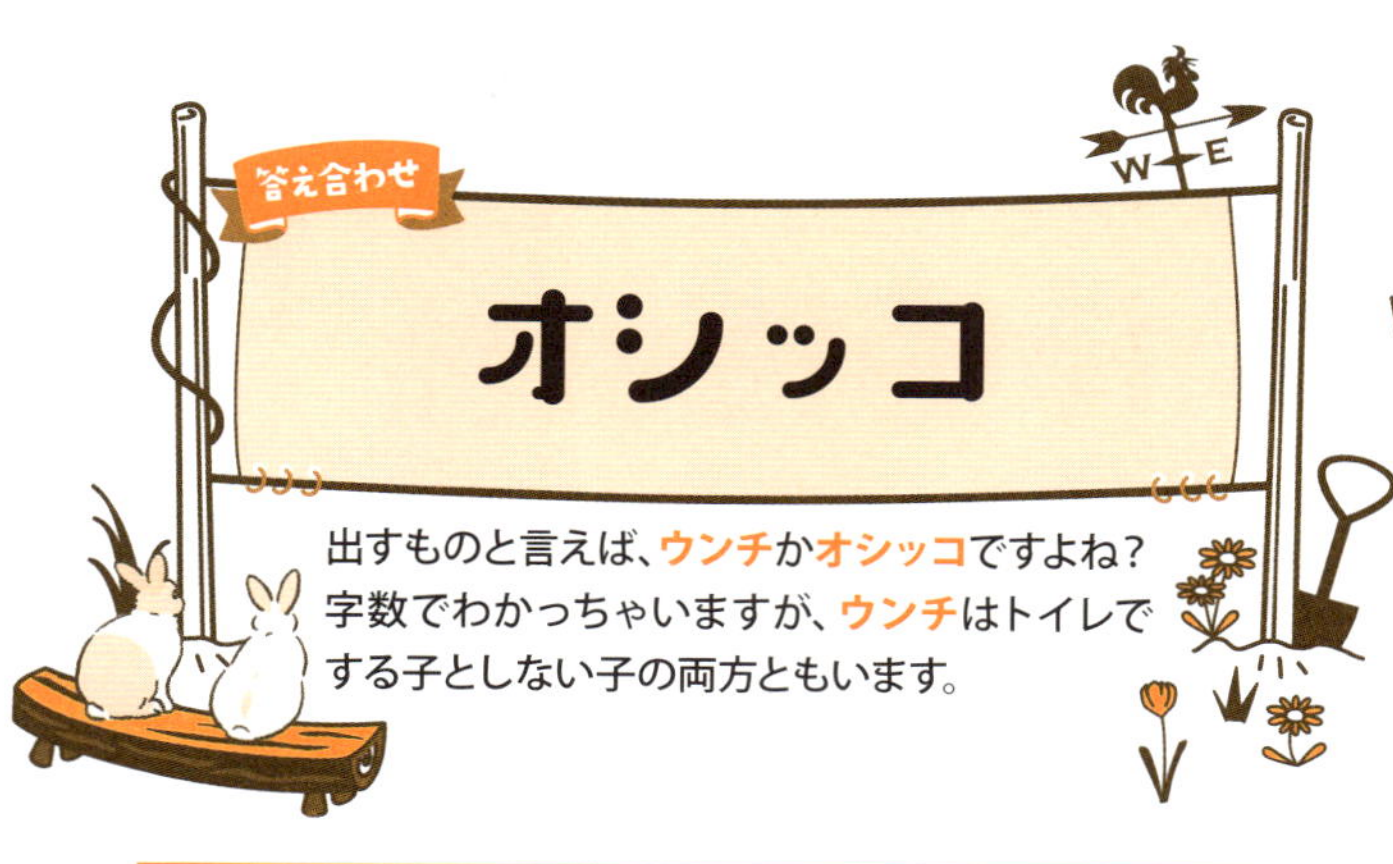

出すものと言えば、**ウンチ**か**オシッコ**ですよね？字数でわかっちゃいますが、**ウンチ**はトイレでする子としない子の両方ともいます。

野生の子うさぎは、お母さんうさぎが授乳に来ると巣穴の牧草のかたまりの表面にはい出てきて、お乳を飲んだあとその場（牧草の表面）でオシッコをします。そのおかげで、寝床（牧草の内側）は濡らさずにすみます。成長すると、**巣穴の中で寝床とトイレは別々に決めます**。

その習性から、うさぎはトイレを覚えられますが、用意したトイレが気に入らなかったり、トイレを含むケージ内は寝床でケージの外の部屋のどこかをトイレに決めると、トイレを使ってくれません。

22 きほん

自分の□をむしって巣をつくる

答え合わせ

毛

一文字で、むしれるものといえば**毛**しかありませんよね？　メスうさぎの飼い主さんの中には、見たことある方もいるかもしれませんね。

メスは交尾をするとほぼ妊娠します。妊娠期間は31、32日間くらいで、出産が近づくと、巣作りをし始めます。巣穴（ワレン）は傾斜のある場所につくられますが、その上のほうの部屋など、より安全に子どもを産み育てられる場所をめぐってメスどうしでバトルを繰り広げます。部屋が決まったらそこに**牧草や毛を敷きつめ、フカフカの産室をつくります**。

オスとの接触がなかったはずなのに、毛をむしるのは、ストレスの可能性もありますが、偽妊娠の場合もあります。

23 きほん

牧草を運んで□□の準備

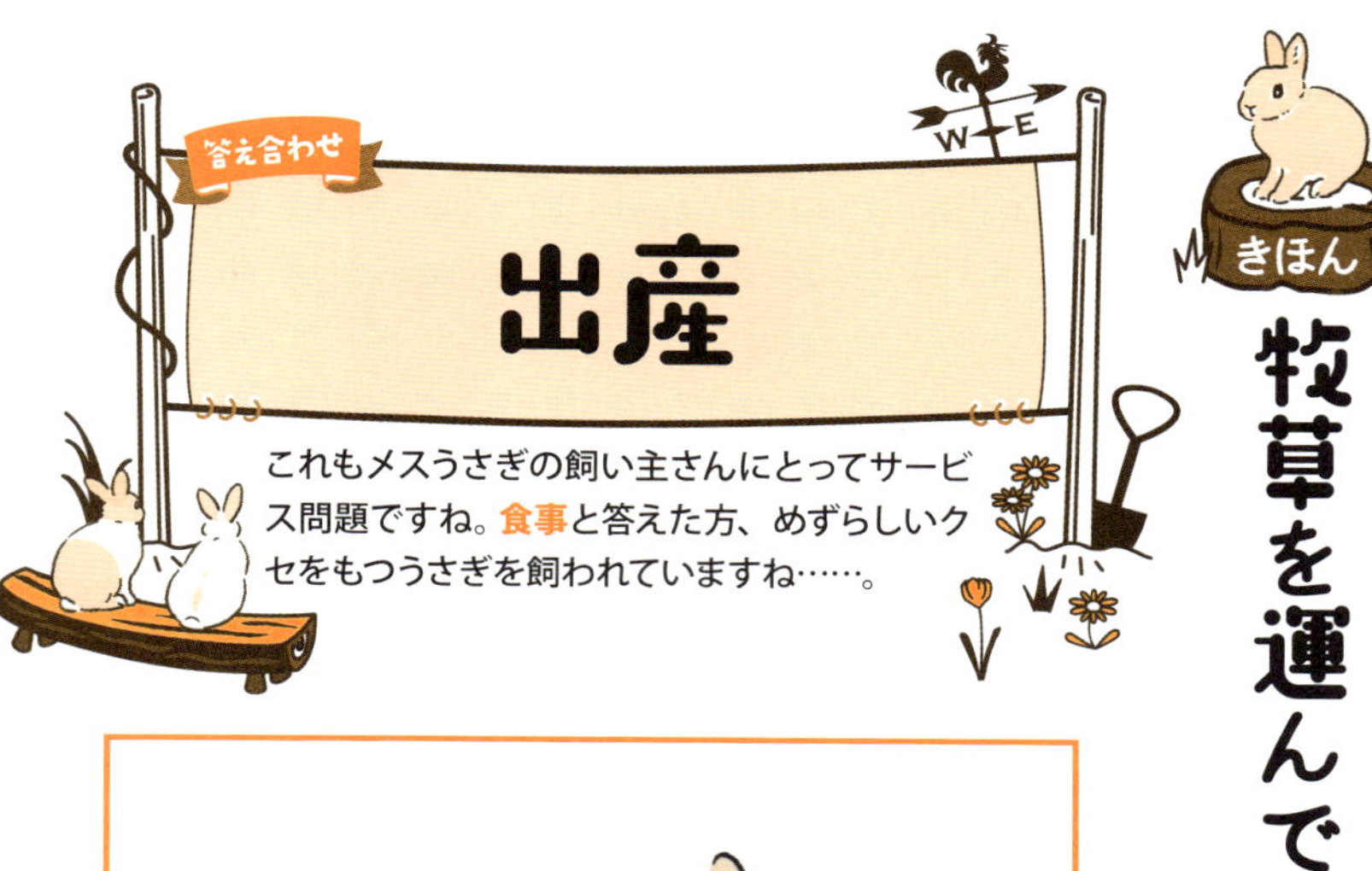

答え合わせ

出産

これもメスうさぎの飼い主さんにとってサービス問題ですね。**食事**と答えた方、めずらしいクセをもつうさぎを飼われていますね……。

出産が近づくと、メスは出産場所を探します。巣穴の中の一部屋を使うこともありますが、多くの場合、巣穴の近くに新しい穴を掘ります。それは、元の巣穴が敵に見つかってしまっても、赤ちゃんは入り口が別の巣穴に離しておくことで助かるようにするためです。

場所が決まったら、**牧草を口にくわえて産室に運び、さらに自分の毛をむしってそこに敷き、赤ちゃんのための温かくフカフカの巣を完成させます**。牧草を運ぶ行動も41ページと同様、オスと接触がなければ、偽妊娠かも。

24 きほん

交尾は□□で終わる

答え合わせ

30秒

一瞬も正解です！　ちょっとした隙に交尾できてしまうので、避妊去勢手術をしていない子の飼い主さんはご注意を！

オスは繁殖期になると、発情したメスを探します。メスを見かけると、尾を立ててまわりを行ったりきたりします。ときにはすばやくオシッコをひっかけ、メスに求愛することも。

だいたいの場合、メスはオスを無視して草を食べ続けたりしていますが、受け入れる気になるとオスのそばへ近づき尾をふるって「OK」の意思表示をします。するとオスはメスの上に乗り首をくわえて交尾し、終わるとメスのかたわらにすべり落ちます。その間わずか30秒。あっという間です。

25 きほん

授乳は1日□～□回

正解は1～2回。「少な！」と思いました？　回数が入ることはわかっても、こんな少ししか赤ちゃんに会えないとは……。

出産した巣穴で引き続き子育てをしますが、母親はふだんは別の巣穴ですごします。**授乳のためだけに1日1、2度赤ちゃんのところへ行くのです**。授乳が5分ほどで終わると、母うさぎは赤ちゃんのいる巣穴の入り口を土で埋めてしまいます。

こうして敵から見つからないようにするのです。母うさぎがいっしょにいることで敵に見つかるリスクが高くなるし、敵に見つかってもうさぎのお母さんは闘うことができないからです。

子どもの命を守るため、こうした別居保育をするのです。

HOSYU JYUGYO

もっと知りたい 補習授業

うさぎにあげてもいい野草図鑑

基本の食事（牧草＋ペレット）は守りつつ、野生時代のように野に生える草や葉を楽しむのもオツなものです。

注意！

- うさぎには安全とわかっているものだけをあげましょう。
- 公園などで採取するときは、農薬や除草剤などがまかれていない安全な場所でとり、洗ってから与えましょう。
- 与えすぎには注意しましょう。
  野生でも同じ植物ばかり食べてはいませんでした。

タンポポ

利尿作用があり、消化機能を整えます。嗜好性が高いので与えすぎに要注意。

独特の香りがあり、ビタミン類も豊富。

エノコログサ

イネ科で、ネコジャラシの俗称をもちます。茎や葉は噛み応えがあり、歯によい。

ペパーミント

消化機能を整え、腸内のガスを減らします。香りにも食欲増進効果があるよう。

落葉樹の葉

ケヤキ、クワ、クヌギなどの葉は、落葉するころになると繊維質が増します。

抗菌作用があるとされ、高齢うさぎなどにエネルギーを与えてくれます。

ペットとして
飼われているうさぎの
中から、人気の10種を
ご紹介します！

うさぎの品種 絵ずかん

ネザーランドドワーフ

- 原産国：オランダ
- 大きさ：1kg前後

小さい体に短い耳がかわいい、日本ではいちばん人気の品種。活発で特にメスでは気が強い子が多いよう。

ジャージーウーリー

- 原産国：アメリカ
- 大きさ：～1.5kg

アメリカのニュージャージー州で誕生。長毛種の中では毛玉ができにくくお手入れもしやすい品種です。

ホーランドロップ

- 原産国：オランダ
- 大きさ：～1.8kg

ネザーランドドワーフと耳が長いイングリッシュロップの交配によって誕生。日本ではネザーランドドワーフと並んで人気。温和な子が多いです。

ミニウサギ

- 原産国：？
- 大きさ：いろいろ

ミニウサギは、ミックスうさぎの総称です。いろいろなサイズや毛色、性格のうさぎがいます。

ライオンヘッド

- 原産国：ベルギー
- 大きさ：1.5kg前後

ライオンのたてがみのようなフサフサの毛が特徴的。性格は、ちょっとおく病な子が多いよう。

イングリッシュアンゴラ

- 原産国：トルコ
- 大きさ：3kgくらい

アンゴラ種の歴史は古く、１８世紀前半のトルコのアンカラが発祥と言われています。美しくフサフサの毛は、毛織物として利用されることも。

アメリカンファジーロップ

- 原産国：アメリカ
- 大きさ：～1.8kg

ホーランドロップにフレンチアンゴラを交配させて誕生。ふわふわで丸っこい姿がチャーミング。

ドワーフホト

- 原産国：ドイツ
- 大きさ：1.3kg前後

目のまわりをくっきり囲む黒いアイバンドがどこかエキゾチックで人気の種。目のまわり以外は真っ白。

フレミッシュジャイアント

- 原産国：ヨーロッパ
- 大きさ：5.6kg以上

ARBA公認のうさぎの中では最も大きい品種。大きな子だと10kg以上になることも。性格は温厚。

ミニレッキス

- 原産国：アメリカ
- 大きさ：1.3～2kg

一度触ると忘れられないビロードのような触り心地の毛をもちます。筋肉がよくついていて、好奇心も旺盛。

※ ARBA……アメリカン・ラビット・ブリーダーズ・アソシエーション。世界規模のラビットクラブで、純血種を守るためにうさぎの品評会などを行っています。

うさぎのからだ
2時間目
うさぎの体って、
本当によくできてるんですよ！
そんな自慢を含めて、
合計23問を出題させてください。
W E

うさぎの体はいろいろスゴイらしい

今日は
うさぎの体の
ヒミツについて
お勉強しましょう

ほかの動物と比べて
うさぎの体はどんな
ちがいがあるか
わかりますか？

ハイ！
ほかの動物より
断然かわいい

そうじゃなくて……

やっぱり、お耳かしら？
こんなに長くてすごい耳
ほかの動物にはないわよね？

お！ ティファニーさん
いいところに気づきましたね
それでは この長い耳は何のため
だと思いますか？

飼い主さんの弾く
美しいピアノの
音色を楽しむため
わたしの飼い主さん
ピアニストなの
うふ♡
ええっとぉ……
歯も自慢だよ
飼い主ちゃんはボクみたいに
硬い牧草食べられないし
足筋もすごいよな！
飼い主と競走したら
勝てるはず
みなさん　いろいろな
ちがいに気づいて
すばらしい！
見た目だけじゃなく
われわれうさぎは
体の中もよくできていて
すごいんですよ！
そ、それじゃあ
くわしく見て
いきましょう

食事で□□を取らなければいけない

答え合わせ

繊維

栄養とお答えの方は△です。それも一理ありますが、栄養の中でも、うさぎの食事は**繊維**が大事です。繊維質豊富な牧草をお願いします！

野生では、ふだんは草や芽、種子や根を、食料が乏しい冬は木の皮や葉などを食べているうさぎ。これらの植物は栄養価も低く消化もしにくいものです。**うさぎの消化管は、こうした植物から栄養を得るために独特のしくみになっています。**

消化管の運動を促すために、また腸内の環境を整えるためには、牧草に含まれる繊維が欠かせません。そして、**牧草を歯ですりつぶして食べることで、伸び続ける歯が適度に削られます。**

うさぎの健康の秘訣は、牧草食にあるといえるのです。

消化管も正解ですが、字数がオーバーしすぎですね。口も胃も確かに通りますね……。おまけで○としましょうか。

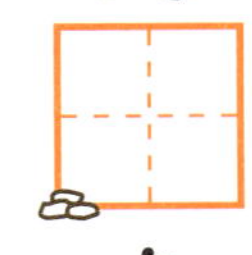

からだ 2

食べたものは2度□□を通る

多くの草食動物が反芻（はんすう）で植物を消化しますが、うさぎは食べ物を2度、消化管を通過させて消化します（↓55ページ）。

簡単に言えば1回便で出たものをもう一度食べるのですが、この「糞の食べ戻し」は巣穴でも行えるので安全におなかが満たせるというメリットがあります。

この消化サイクルを正常に保つためには繊維質が絶対必要。特におすすめなのはイネ科の牧草のチモシー。エネルギー量やタンパク含有量、カルシウム含有量が低く、うさぎの体にとって理想的な食事です。

□□□が重要な栄養源

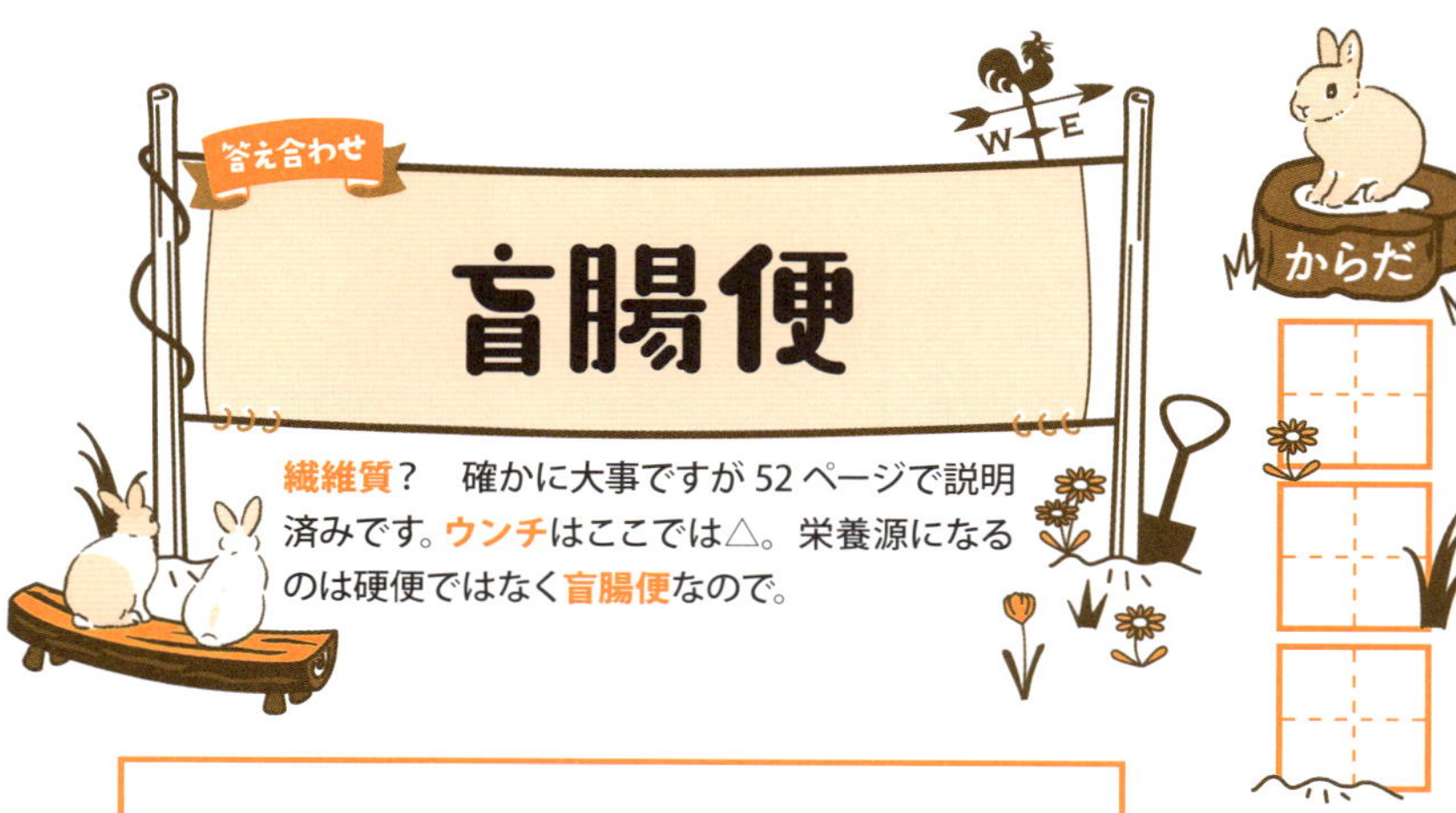

盲腸便

繊維質？　確かに大事ですが52ページで説明済みです。**ウンチ**はここでは△。栄養源になるのは硬便ではなく**盲腸便**なので。

ウンチにはふつうの硬便とやわらかく栄養たっぷりな盲腸便との2種類があります。

便といっても盲腸便は、うさぎの体を維持するために必要なエネルギーのうち12～40%をまかなう重要な栄養源。なので、しっかり食べなければいけないものです。

肛門に口をつけて直接食べるため、飼い主さんが盲腸便を見ることはふつうはありません。盲腸便は、粘膜で覆われブドウの房みたいな形をしたものです。硬便とまったく違うので、落ちていればすぐにわかるでしょう。

うさぎの消化システム

うさぎは消化しづらい植物を消化するために、
画期的な消化システムを持つのです！

口 切歯で草をかみ切り、臼歯ですりつぶします。

胃 非常に強い酸性の胃液で、病原性をもつ微生物の侵入を防ぎます。

小腸 繊維質以外が消化吸収されます。

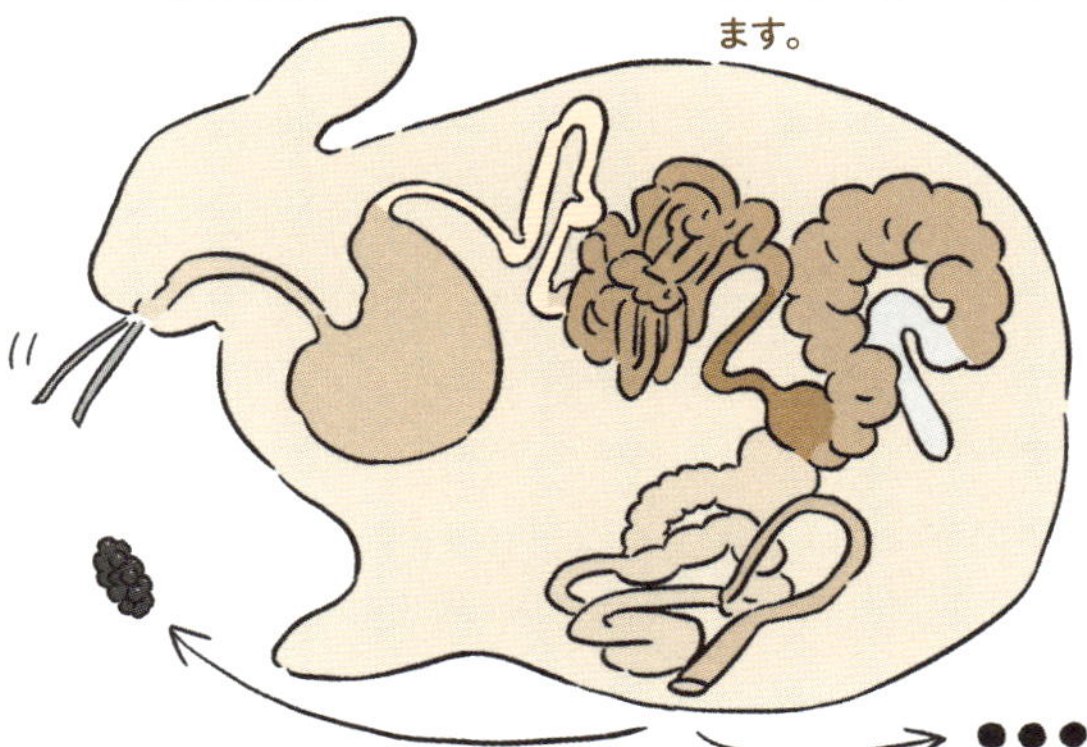

大腸（盲腸、結腸） 食べたものはふたつに分類されます。

粗い繊維はそのまま結腸へ進み、0.3ミリより小さい粒子は盲腸へ。

盲腸 腸内細菌（バクテリア）が植物の細胞壁（セルロース）を分解。醗酵（はっこう）させて、たんぱく質やビタミンがつくられ、盲腸便として排出されます。

盲腸便 口から再び体内へ取りこまれ、食べ物と同じように消化されます。

結腸 粗い繊維が大腸の運動を促し、丸い硬便がつくられ排出されます。

排出

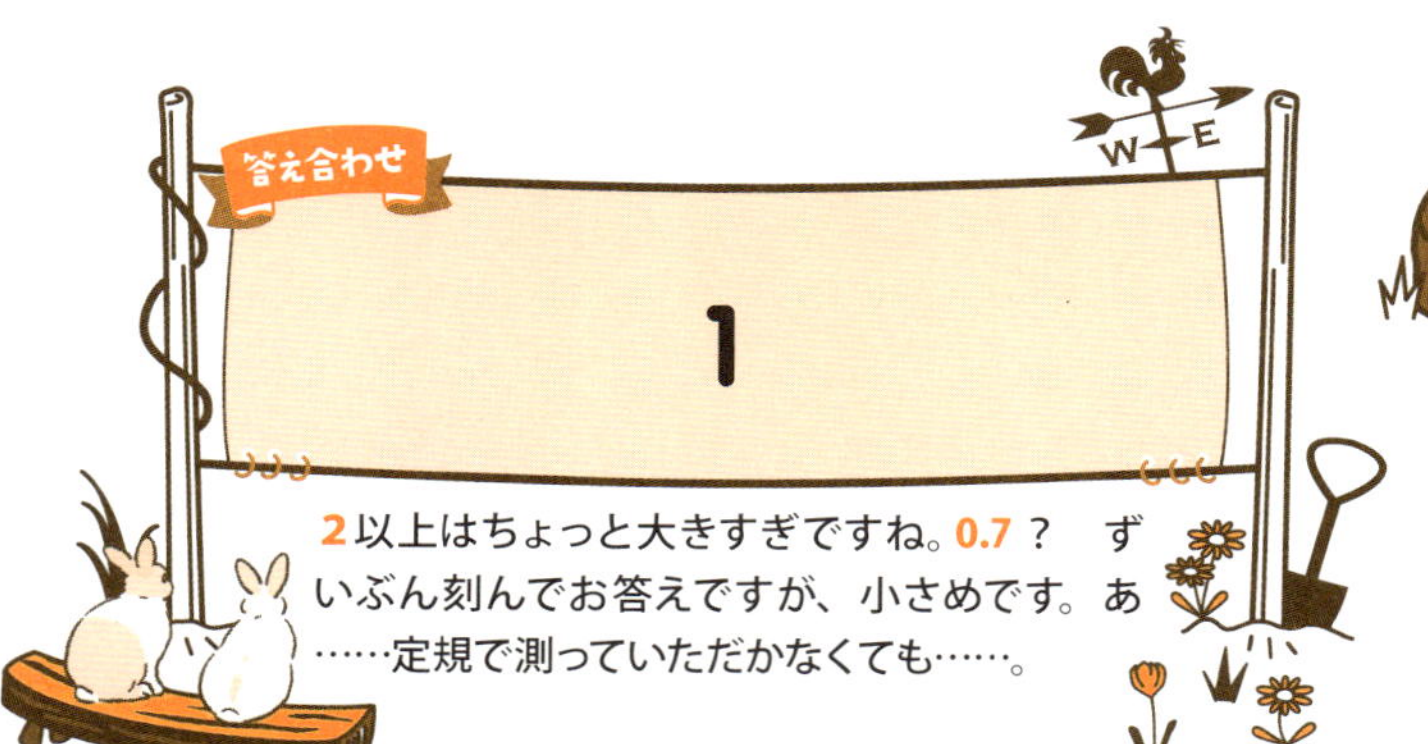

2以上はちょっと大きすぎですね。0.7？　ずいぶん刻んでお答えですが、小さめです。あ……定規で測っていただかなくても……。

正常なウンチの直径は□cmくらい

うさぎ独特の消化システムを正常に働かせるためには、繊維たっぷりの牧草をしっかり食べさせるのが大事。ですが、人間と暮らすうさぎは、牧草よりもおいしくて栄養価が高すぎる食べ物をもらうせいで消化管のトラブルを起こしやすいのです。**ウンチは消化管が正常かどうかのバロメーター**。形が丸ではなかったり、小さかったり、やわらかかったりしたら、食事内容を見直す必要があります。

正常なウンチは緑っぽい茶色で、割ると繊維のかすでできているのがわかります。

5 からだ

うさぎの□□□□は白くにごっている

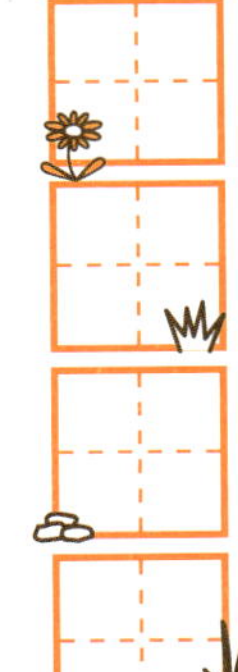

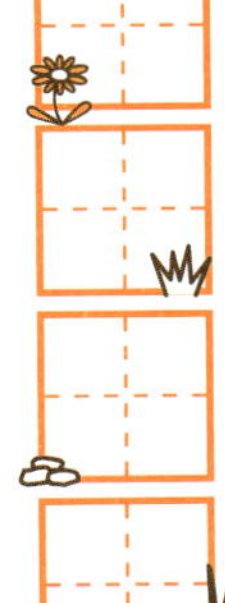
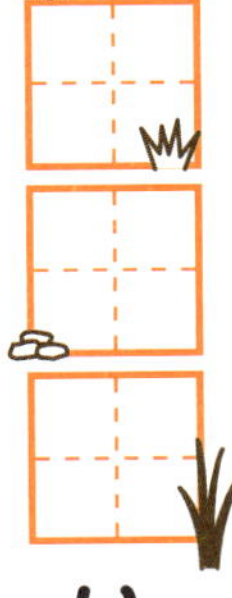

答え合わせ

オシッコ

白と色があるせいで少し難しかったでしょうか？　正解は**オシッコ**。隣が**ウンチ**の話だからわかった？　さすが察しがいいですね！

うさぎは、白や薄い黄色で、サラサラしてないクリーム状の濃いオシッコをします。哺乳類は過剰に摂取したカルシウムをウンチといっしょに排出しますが、**うさぎはオシッコでカルシウムを排出するのです。**

また、**食べたものによってはオシッコの色がかわることがあり、にんじんなどを食べたあとは赤いオシッコをします。**血尿と見分けるには病院か尿試験紙で「潜血」の項目を調べます。

おとなとは違い、子うさぎのうちは、サラサラした透明なオシッコをします。

6
からだ

片目で□□□度と視野が広い

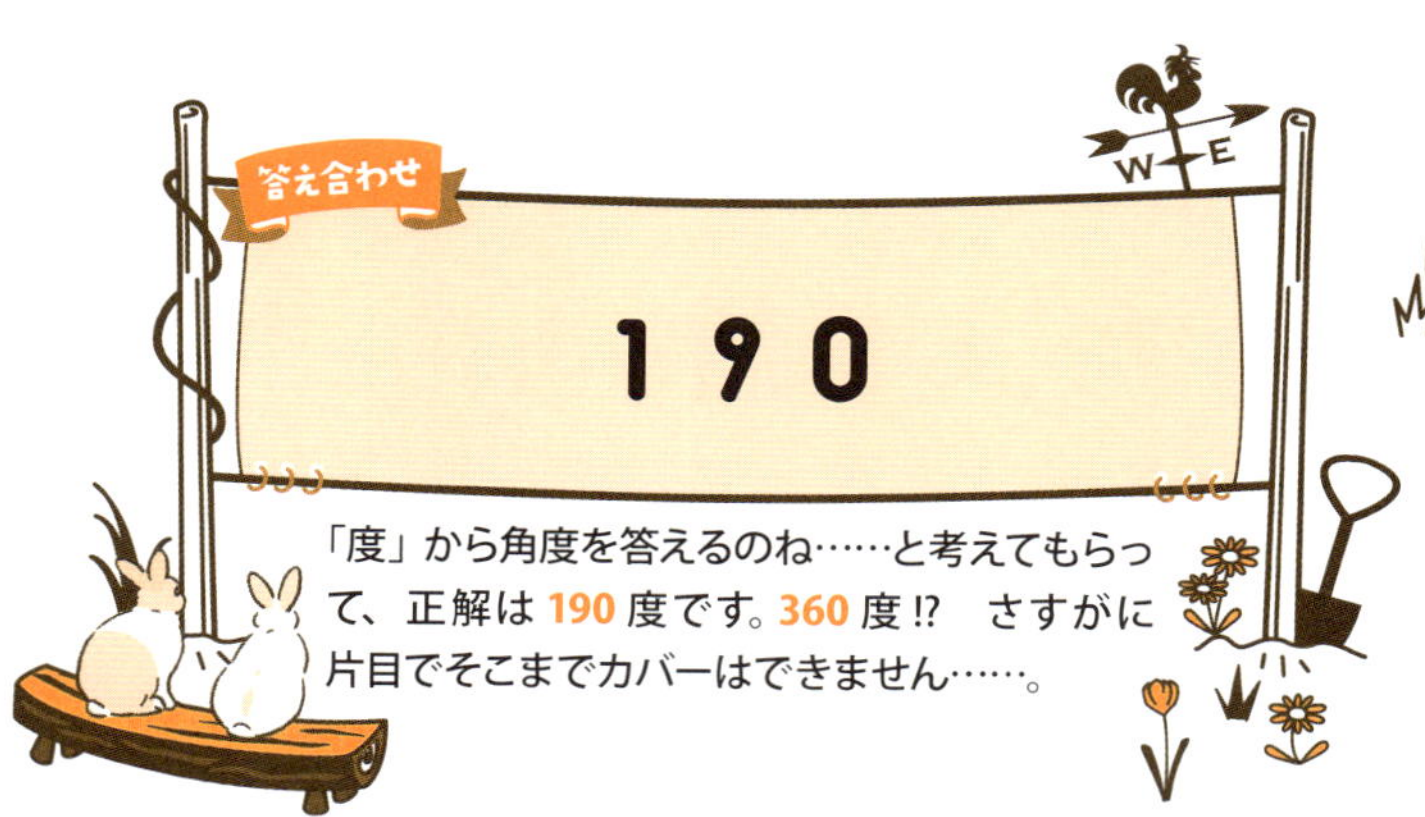

「度」から角度を答えるのね……と考えてもらって、正解は**190**度です。**360**度⁉　さすがに片目でそこまでカバーはできません……。

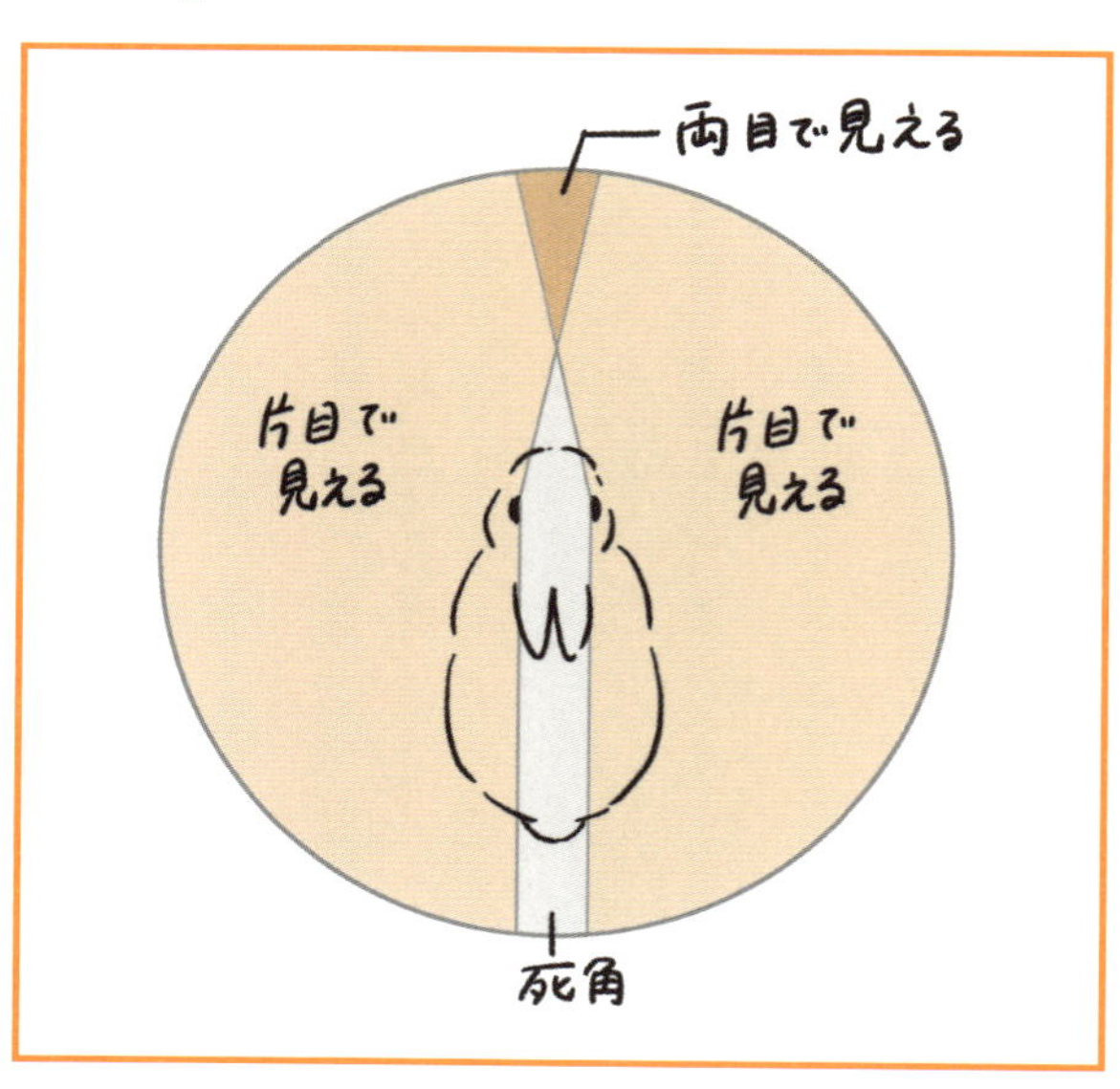

草食動物の目は横につき、肉食動物の目は前についています。これは、草食動物は近づく敵に気づけるよう視野が広く、肉食動物は獲物をしっかり両目で見据えて近づくため。

うさぎも、顔の横に目がついていて、片方の目で広い範囲を見ることができます。こっちに顔を向けていなくても、後ろから近づこうとする敵にしっかり気づいています。

単眼では広い視野を誇りますが、**両眼で見えているのはごく一部**。立体でものを見たり、垂直の動きを見るのは苦手です。

うさぎの視覚

うさぎは、あんまり視覚からの情報に頼っていないのです。でも、背後から近づくものに、いち早く気づける視野の広さは自慢です。

単眼で190度ずつ、ほぼ360度を見ることができますが、顔の真正面と真後ろは死角です。

視力はあまりよくなく、人間の近視の人のようにぼんやりとしか見えていません。

光の感度は人よりも８倍高いといわれ、うす暗いところでもものが見えます。

応用問題

問）うさぎは、何色と何色がよく見えているでしょう？

正解）色は青と緑がよく見えています。

7 からだ

視野は広いが□□□は見えない

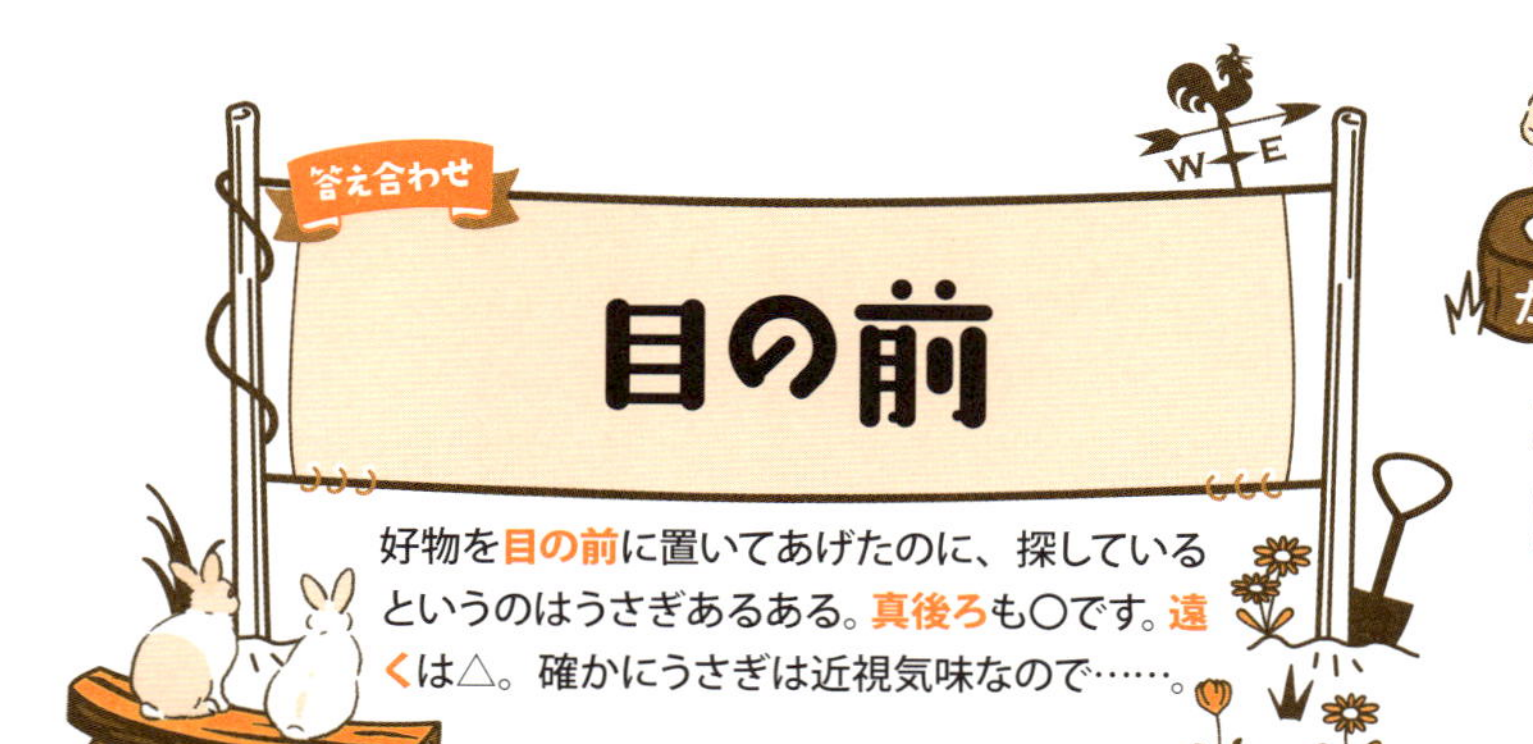

好物を**目の前**に置いてあげたのに、探しているというのはうさぎあるある。**真後ろ**も○です。**遠く**は△。確かにうさぎは近視気味なので……。

59ページの図からわかるように、**目と目の間の部分は死角です**。ちょっと残念に思えますが、敵から逃げたり、食べ物を探すときにはそれで不自由はないのでしょう。

また両眼視ができる部分が限られているため、**立体でものを見たり垂直の動きを見たりするのが苦手です**。でも、木の上ではなく地上で暮らす分にはこと足りていたかと。

ただし、高さの認識が苦手であるため、抱っこ中に高さもわからず急に飛び下りて骨折するなど危険な場合もあります。

からだ 8

長い耳は□□□□に優れている

答え合わせ

集音効果

正解は**集音効果**。**情報収集**も〇をあげましょう。**起死回生**？　**天下無敵**？　四字熟語ならなんでもいいわけじゃありませんよ！

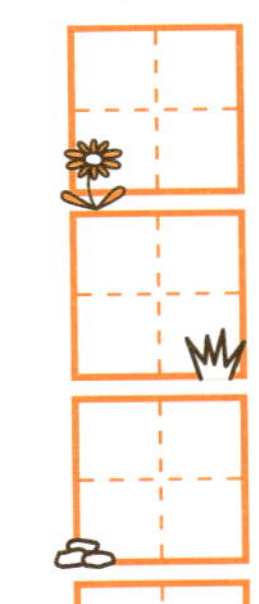

うさぎの耳がなぜ長いのかというのも、やはり敵からいち早く逃げるため。長くて面積が広い耳は、たくさんの音波をキャッチできます。

耳のつけ根の筋肉が発達しているため、**耳をアンテナのように自由自在に左右別々に向けたい方向に動かすことができ、あらゆる方向からの音源を探ることができます**。

また、耳には体温調節の役割もあります。走ったりして体が熱くなりすぎると、耳にたくさんある血管の血液を冷やして全身にめぐらせて体温を下げます。

ロップは耳の内側が□□□

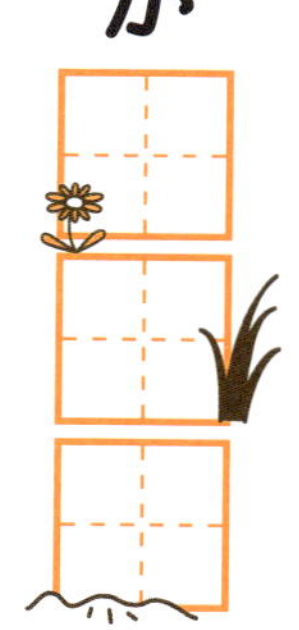

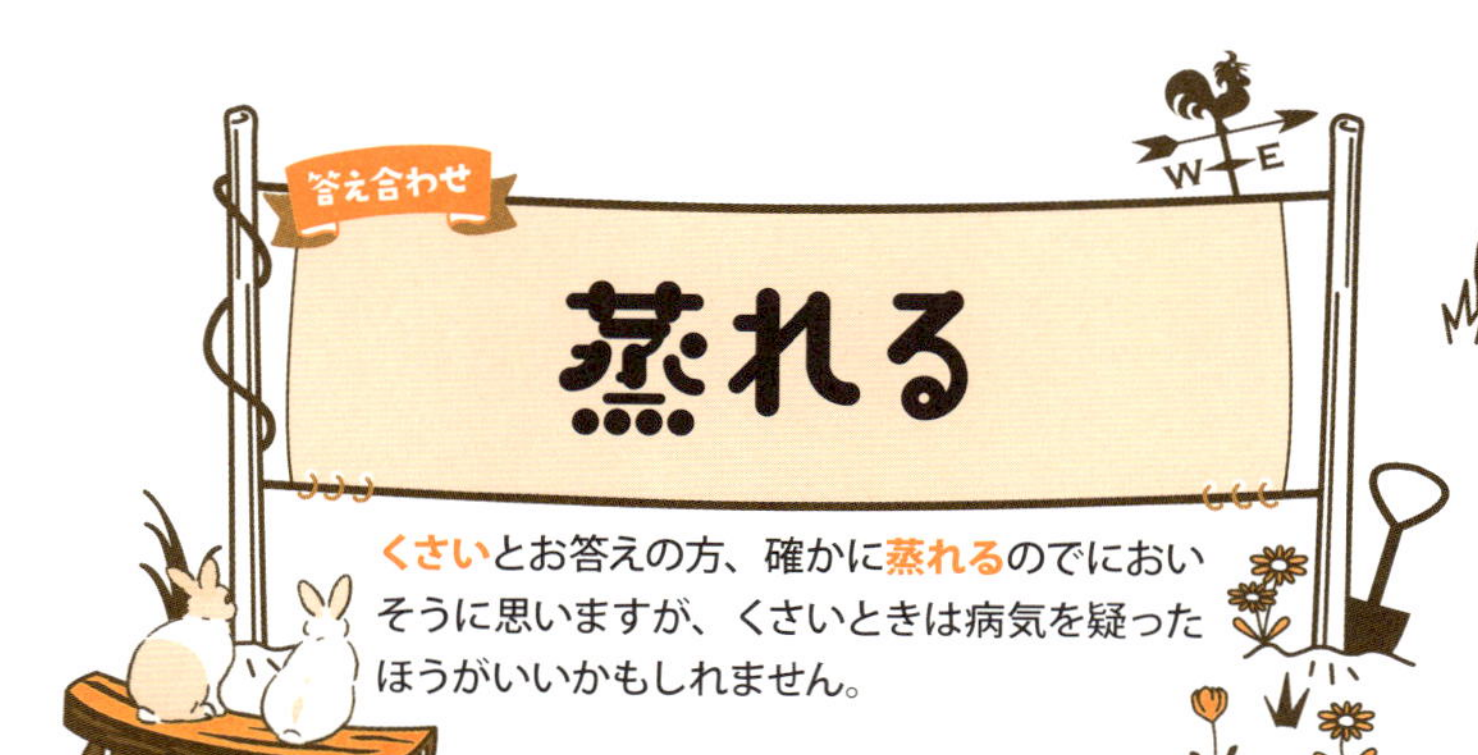

くさいとお答えの方、確かに蒸れるのでにおいそうに思いますが、くさいときは病気を疑ったほうがいいかもしれません。

うさぎの耳の穴は垂直に伸びていて、中に耳アカが溜まりやすい構造です。特にロップイヤー種は、耳が垂れていて通気性が悪いため耳アカもより溜まりやすいのです。定期的にチェックしてあげる必要がありますが、耳掃除で耳を傷つけるといけないので、必ず動物病院で正しいお手入れの方法を教わりましょう。

ちなみに、ロップは立ち耳うさぎよりも聴力は劣りますが、人間よりは断然すぐれています。

たまに耳で目かくしのようにするのは、音のする方向に耳介を向けているのです。

▶▶▶（科目）うさぎの聴覚　問》ウソかホントか答えよう。

問1 うさぎの耳は高周波の音もよく聞こえる。

▶▶▶ **答え** ホント

うさぎの聴覚は優れていて360～42000Hzの音を聞くことができると言われています（人間は20～20000Hz）。人には聞こえない高周波の音も聞くことができます。野生では、猛禽類が出す超音波をキャッチして難を逃れているようです。

問2 ノウサギの耳はアナウサギの耳よりも長い。

▶▶▶ **答え** ホント

アナウサギの耳の長さと、ノウサギの耳の長さを比べると、ノウサギのほうが長いです。巣穴をもたないので、耳の長さが邪魔にならないことと、より警戒が必要なために耳が長くなったという説があります。

問3 ロップイヤー種はみんな耳を動かすことができる。

▶▶▶ **答え** ウソ

ロップイヤー種も、音源を探りよく音を聞くために、垂れた耳を前や後ろに動かすことができます。しかし、ロップの中には耳が動かせない子もいます。耳のつく位置が目よりも下だと、耳が動かせないようです。

ヒゲの長さは□□□と同じくらい

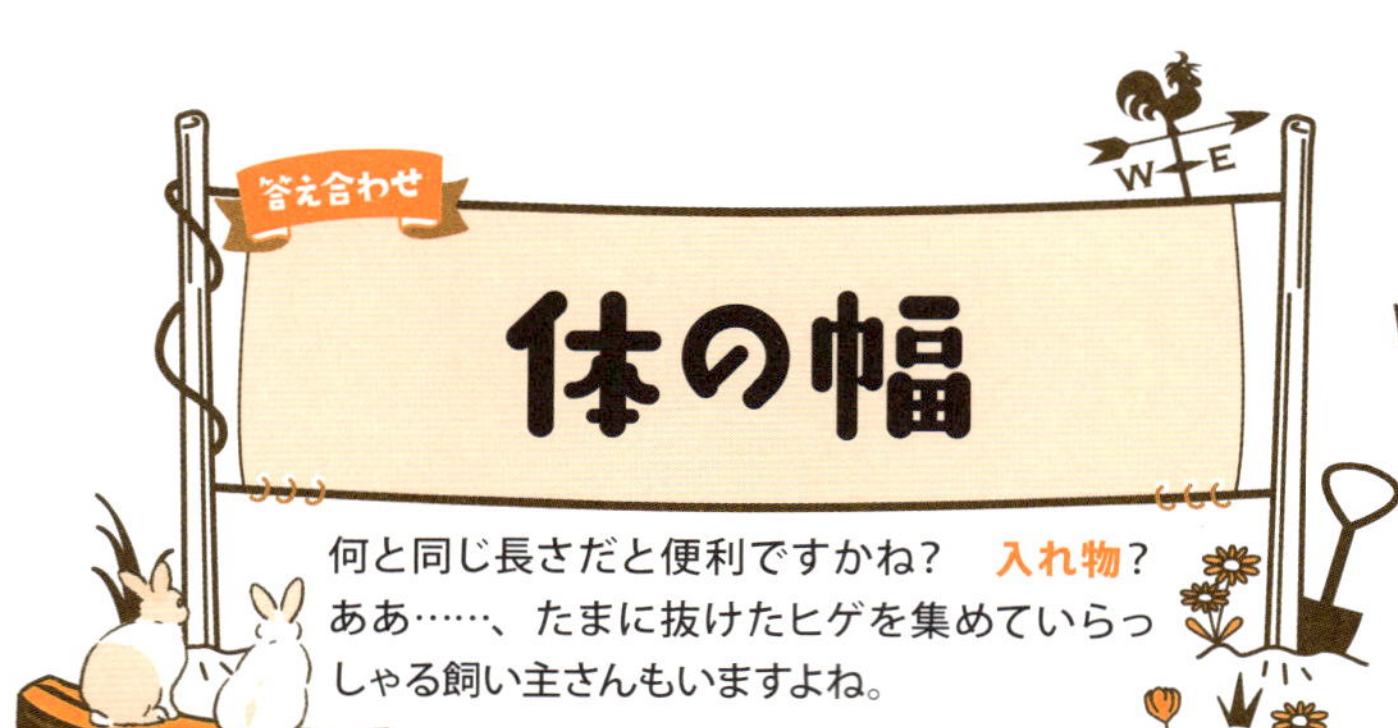

何と同じ長さだと便利ですかね？　**入れ物**？ああ……、たまに抜けたヒゲを集めていらっしゃる飼い主さんもいますよね。

ヒゲの根元には神経が通っていて、触ったものの情報を脳に伝える役割があります。野生では、地中のトンネルや暗い巣穴の中で幅を知ったりするのにヒゲによる触覚は重要でした。

ほおのヒゲのほかにも、口元から鼻にかけて、目の上にもヒゲがあります。**うさぎは自分の口元がよく見えないので、ヒゲの感覚を頼りにしているのです**。

うさぎは触覚を感知する感覚器が全身にあります。そのため、痛いとか撫でられて気持ちがいいとかなどの感覚も脳に伝わります。

11 からだ

鼻をピクピク動かすのは□□□□のため

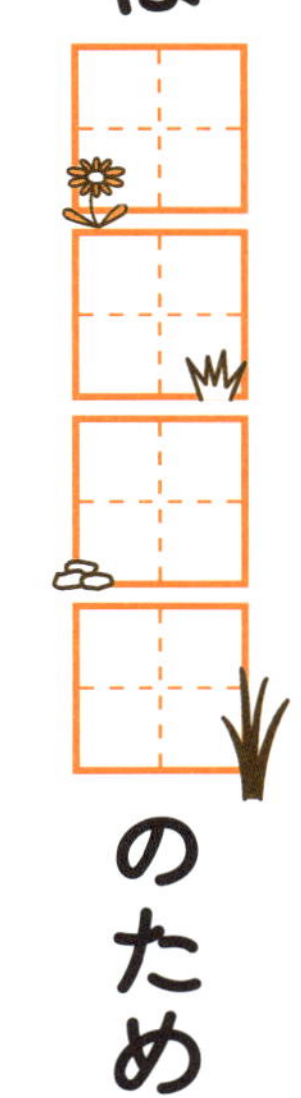

答え合わせ

情報収集

用心、**警戒**などとお答えの方、字数は合っていませんが○です。**におい嗅ぎ**も、無理やり感はありますが○としましょう。

うさぎは視覚よりも聴覚と嗅覚が発達しています。それは、敵が目の前に現れる前、遠くにいる段階で早めに感知し、逃げのびるため。においから得る情報は生きるために大切で、敵がいないかの判断のほか、ごはんを探したり、繁殖相手を見つけたりするのに使われてきました。

そのため、**うさぎは起きている間、鼻をピクピク動かして常に情報をキャッチしています**。

この鼻の動きの速さで、うさぎが警戒しているのかリラックスしているのかがわかります（→95ページ）。

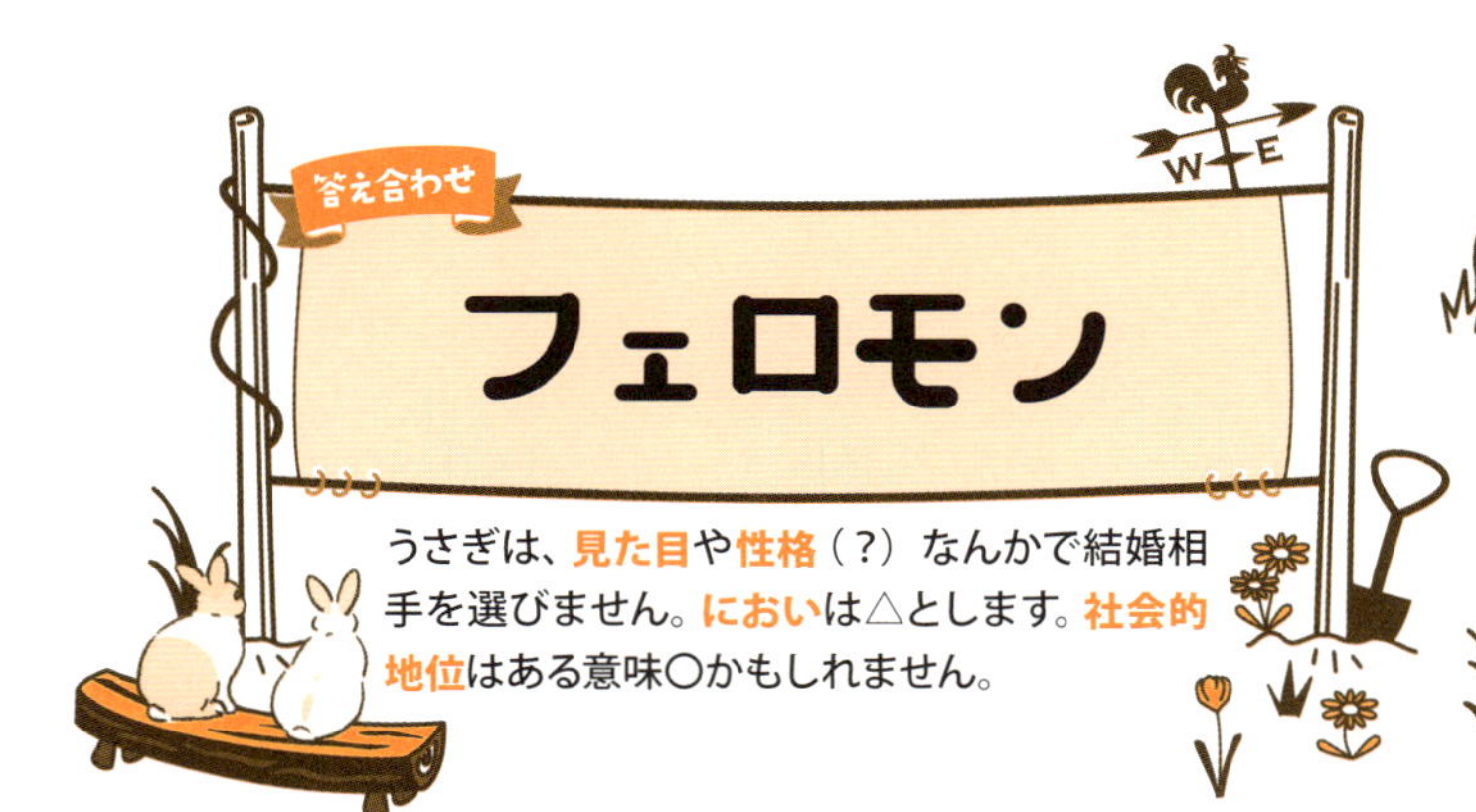

うさぎは、**見た目**や**性格**（?）なんかで結婚相手を選びません。**におい**は△とします。**社会的地位**はある意味○かもしれません。

12 からだ

□□□□□で交尾相手を決める

うさぎは「鋤鼻器（じょびき）」という器官でフェロモンを感知して、交尾相手を探します。食べ物や敵のにおいを感じ取るのは鼻の中の嗅（きゅう）細胞ですが、それらのにおいとは、においを受け取る場所も、におい情報を伝達する脳内の領域も異なります。

フェロモンは、オシッコやあごやおしりにある臭腺から分泌され、相手の性別や交尾、繁殖ができる段階かどうか、また群れにおける順位などを教えてくれるのです。オスもメスも、優位な個体のほうが、フェロモンを巧みに使うようです。

HOSYU JYUGYO
もっと知りたい
補習授業
うさぎの嗅覚

仲間のうさぎや飼い主さんのことなど、何でもにおいで認識しているのです。

うさぎのすぐれた嗅覚は、においを受け取る「嗅細胞」の数を比べてもわかります（右の数値参照）。

鼻をヒクヒクさせて鼻孔を開閉させることで周囲のにおいを常に嗅ぎ取ります。自分のなわばりには、臭腺から出るにおいをつけてアピール。うさぎのコミュニケーションはにおいを介して行われます。

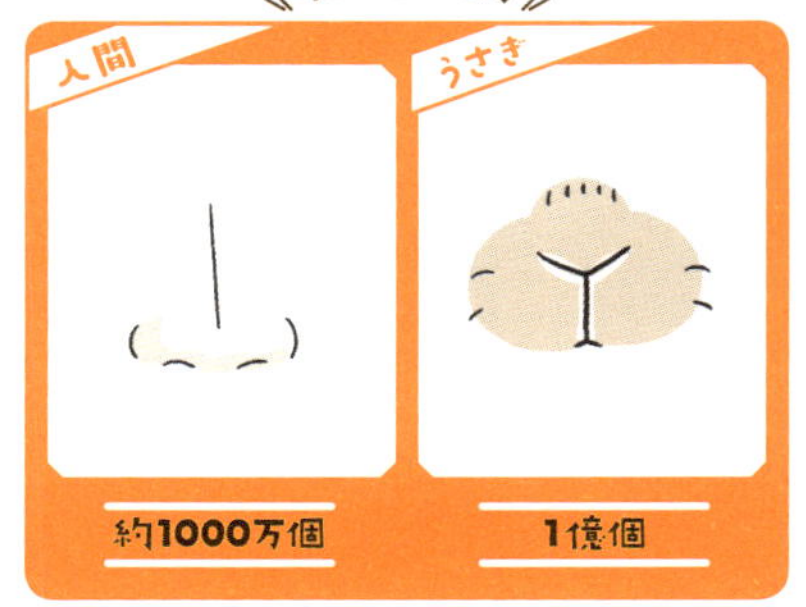

応用問題

問）うさぎは、鼻を1分間で何回ヒクヒクさせるでしょう？

正解）うさぎの鼻はよく動きますが、1分間で20～120回もヒクヒクしているそうです。試しに数えてみましょうか？ 20に近いくらい少ない回数なら、リラックスしているようです。

このしぐさは、前足に唾液をつけて顔を洗っているところ。においを嗅いだ後、鼻をこうして前足でこすってきれいにすることもあります。前足でこすることで鼻についたにおいを落とし、次のにおいが嗅げるよう準備をするのです。

13 からだ

うさぎの味覚は□□□□

鈍感と答えた方、うさぎが怒っちゃいますよ！草ばっかり食べてるから鈍感だなんて……。**敏感**だから草の味がわかるんです！

野生のアナウサギは、数ある野生の植物の中から栄養があっておいしいものを選んで食べています。有毒植物やトゲのある植物など、一般においしくない植物は食べません。**味覚は、安全でおいしいものを判断するのに重要です。**

味覚を感知するのは舌にある「味蕾（みらい）」という器官ですが、人間だと約5000～9000個のところ、うさぎの舌には17000個もあります。

牧草の産地やロットが変わったりすると食べなくなるのは、この鋭い味覚のせいなのです。

うさぎの□□は二重に生えている

答え合わせ

切歯

前歯でも正解です！　**上切歯**とお答えのあなた、とても勉強されていますね。前歯って、あくびをしたときとか見入っちゃいますよね。

手前にある「切歯（せっし）」は、正面から見ると2本しかないようですが、その奥にもう2本隠れて二重に生えています。うさぎは「重歯目（じゅうしもく）」とも分類上呼ばれますが、これは切歯の形状に由来しています。

うさぎの歯は全部で28本生えていて、**切歯は下の歯に上の歯が覆いかぶさるように生えていて、硬い草をかみ切る役目をしています**。

また、切歯は毛づくろいのときにも使い、毛や皮膚の汚れを取りのぞいたり、毛並みを整えたりします。

15 からだ

うさぎの□は一生伸び続ける

背？　背はそんなに伸びませんよ……。爪も、人間と同じで伸び続けますが、ここでは歯について注目してみたいと思います。

人の歯は、完成すると歯根が閉じてそれ以上は伸びません。一方、うさぎの歯は、歯根が閉じず開いたままで歯を形成する細胞や組織が次々につくられるため、一生歯が伸び続けます。かみ合わせが正常なら、歯はものを食べたりしてこすれ合って削れていくので伸びすぎることはありませんが、かみ合わせがおかしくなると、歯はずっと伸び続けてしまって、ものが食べられなくなったり、顔面を傷つけてしまったりします。伸び続ける歯は、動物病院で定期的に削ったり切ってもらったりします。

HOSYU JYUGYO
もっと知りたい
補習授業
うさぎの歯

うさぎの歯は、草を食べるのにとても適しています。牧草をしっかり食べることで歯の健康を保つことができますよ！

《正常なかみ合わせ》

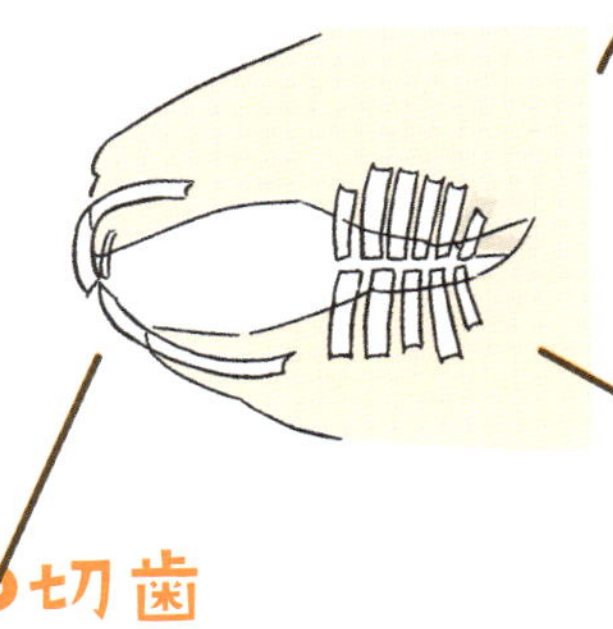

歯は伸び続ける

切歯も臼歯も、生涯伸び続けます。上下が正常にかみ合っていれば、草を食べて、上下の歯がうまくこすれ合うことで、適度に削れます。

切歯

切歯で、草をかみちぎります。下の切歯が、上の２重に生えた切歯の間にあるのが正常なかみ合わせ。

臼歯

下アゴを左右に動かし、上下の臼歯で食べた草をすりつぶします。下あごは１分間で最高120回も動きます。

応用問題

問）うさぎの切歯は１か月でどれくらい伸びるでしょう？

正解）上の切歯は１か月で約８ミリ、下の切歯は１か月で約1cmくらいずつ伸びるというデータがあります。

○○心に何が当てはまるか考えてみましょう。虚栄心、羞恥心……、いろいろありますが、どれも身を守らなさそう。警戒心が正解。

心が強いのは我が身を守るため

野生時代はあらゆる動物に狙われていたうさぎ。敵が近づく前に、ささいな音やわずかなにおいで危険を察知して生き延びてきました。そのため、わずかな変化にも敏感。

家の中は安全だとわかれば、リラックスした姿を見せてくれますが、それでもいつもと違う来客や工事の音などで一気に警戒モードになることも。

警戒モードになったときはそれ以上怖がらせないように、飼い主さんは落ち着いて。「大丈夫だよ」などと、優しい声で話しかけてあげてください。

HOSYU JYUGYO
もっと知りたい
補習授業
ノウサギとアナウサギ

日本の野山にはノウサギという種類のうさぎがいます。ノウサギは、我々の祖先のアナウサギとは全然違い、警戒心がより強く人間にはまず慣れません。

ノウサギの特徴

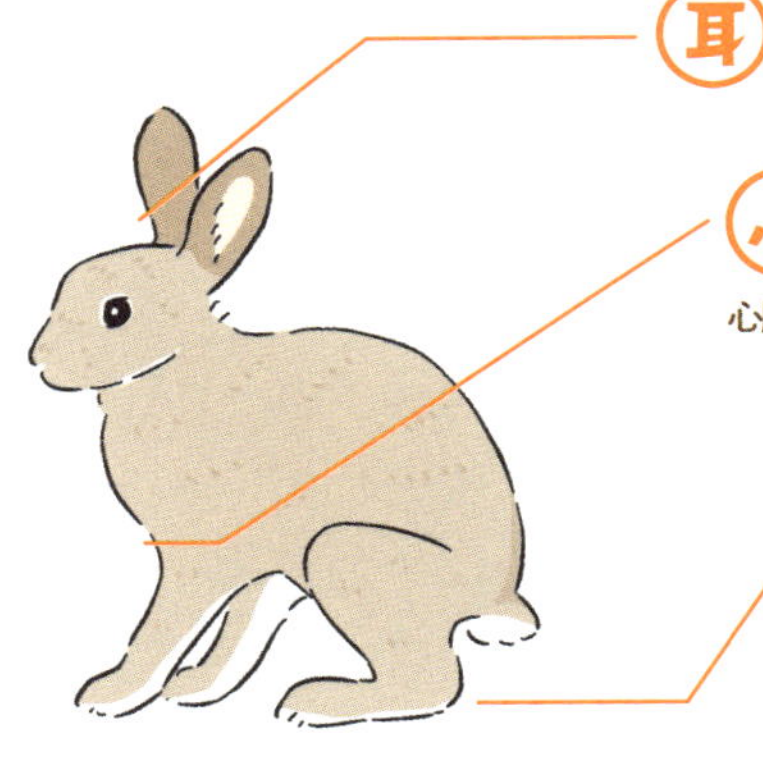

耳 耳がアナウサギよりも長い。

心臓 心臓が大きく、持久力がある。

足 足が長く、筋肉が発達していて天敵から逃げるスピードは時速60キロとも。

（そのほか）

・巣穴を持たないため、アナウサギよりもさらに警戒心が強い。

・群れで暮らさず、単独で生活をするため、人間にはまず慣れない。

・赤ちゃんは、毛も生え、目も開いた状態で生まれる。
母うさぎが１日１回授乳に来るまで草のかげなどに隠れて待つ。

・雪の降る地方では、冬は白毛に生え変わる。

ノウサギは正式には「ニホンノウサギ」と言い、日本にしかいないんだって！

17 からだ

骨格筋の量が体重の□%を超える

筋肉マニアでない限りピンとこないとは思いますが、体重の50%が筋肉なのはすごいこと。かわいい顔でマッチョのようです。

骨格筋は骨を動かすための筋肉。特に発達しているのが後ろ足の大きな筋肉です。

ノウサギは本気で走ると時速60キロくらいですが、アナウサギは隠れる巣穴までダッシュすればいいので、それほど速くはありません。それでも逃げ足は速く、その速さは後ろ足の立派な筋肉から生まれます。

筋肉を動かすには、筋肉に酸素やエネルギーを送り込まなければなりませんが、それらを与える心臓は、アナウサギは小さめで体重の0.3%程度。犬は体重の1%ほどです。

18 からだ

骨が□□□□ため、骨折しやすい

脆い、**弱い**もまあ正解でしょう。敵から逃げるためには、体の軽さが重要で、そのせいで骨も**軽く**できているのです。

骨格筋が体重の50％に対し、骨格は7～8％と、うさぎの骨はかなり軽くできています。野生では体が軽くて逃げやすいというのはメリットです。

一方、ペットとしてはこの「筋肉が発達していて骨が軽い」というのは骨折しやすさにつながります。高いところから落ちたり、ケージ内で飛び跳ねたり、日常のちょっとしたアクシデントで骨折してしまうことも。抱っこをいやがって暴れて脊椎を骨折したというケースもあります。骨折しやすい特性を知って、注意してあげましょう。

19

からだ

換毛は□□□□から始まる

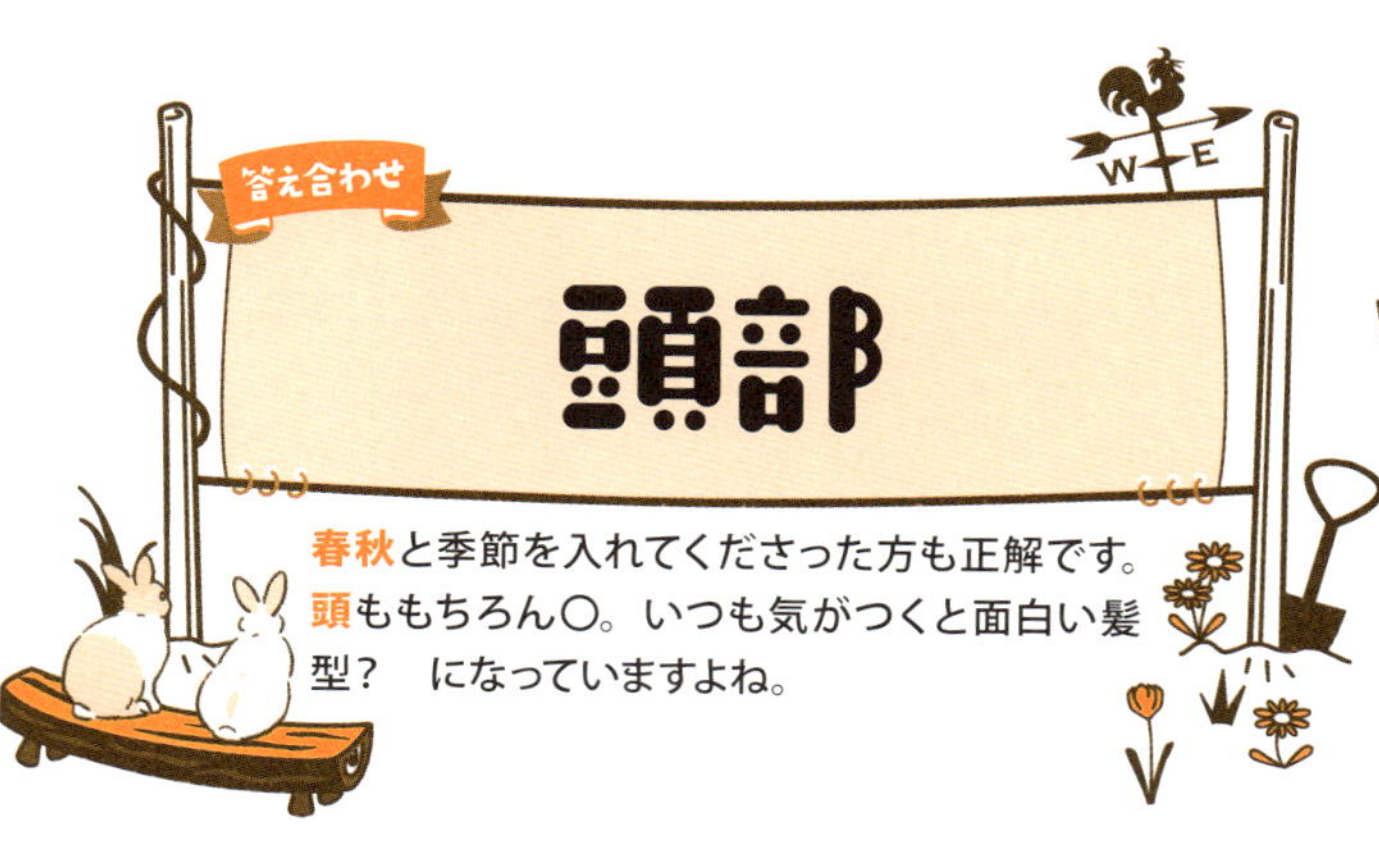

春秋と季節を入れてくださった方も正解です。頭ももちろん○。いつも気がつくと面白い髪型？　になっていますよね。

うさぎの毛は、短くてやわらかいアンダーコートと、それを覆う長いオーバーコートとで体を保護しています。

野生では、換毛は3月に始まり10月に完了します。頭の毛から生え変わるのはペットと同じ。ペットでは3か月ごとに換毛が見られ、特に激しいのは春と秋です。

毛づくろいして飲みこんだ毛は体内に取りこまれ、繊維質にからめとられてウンチとして排出されます。うまく排出されないと、胃腸がうまく働かなくなり命にかかわる場合があります。

▸▸▸（科目）毛づくろい（体のお手入れ）のしぐさ

問》しぐさの説明と合うものを線で結ぼう。

ア

前足で顔をこする

イ

体をなめる

ウ

前足をパンパンはたく

顔を洗う前に手の汚れをとるしぐさ。巣穴に住んでいたころ、前足についた土の汚れをとっていた名残り。

Ⓑ

前足に抗菌・消臭効果のある唾液をつけて、顔を洗います。鼻についたにおいもこすって落とします。

Ⓒ

毛をかじったりなめたりして、汚れやにおいをとります。届かないところは後ろ足の爪でかいたりもします。

正解）ウ－Ⓐ　ア－Ⓑ　イ－Ⓒ

足の裏には犬や猫のような□□□□がない

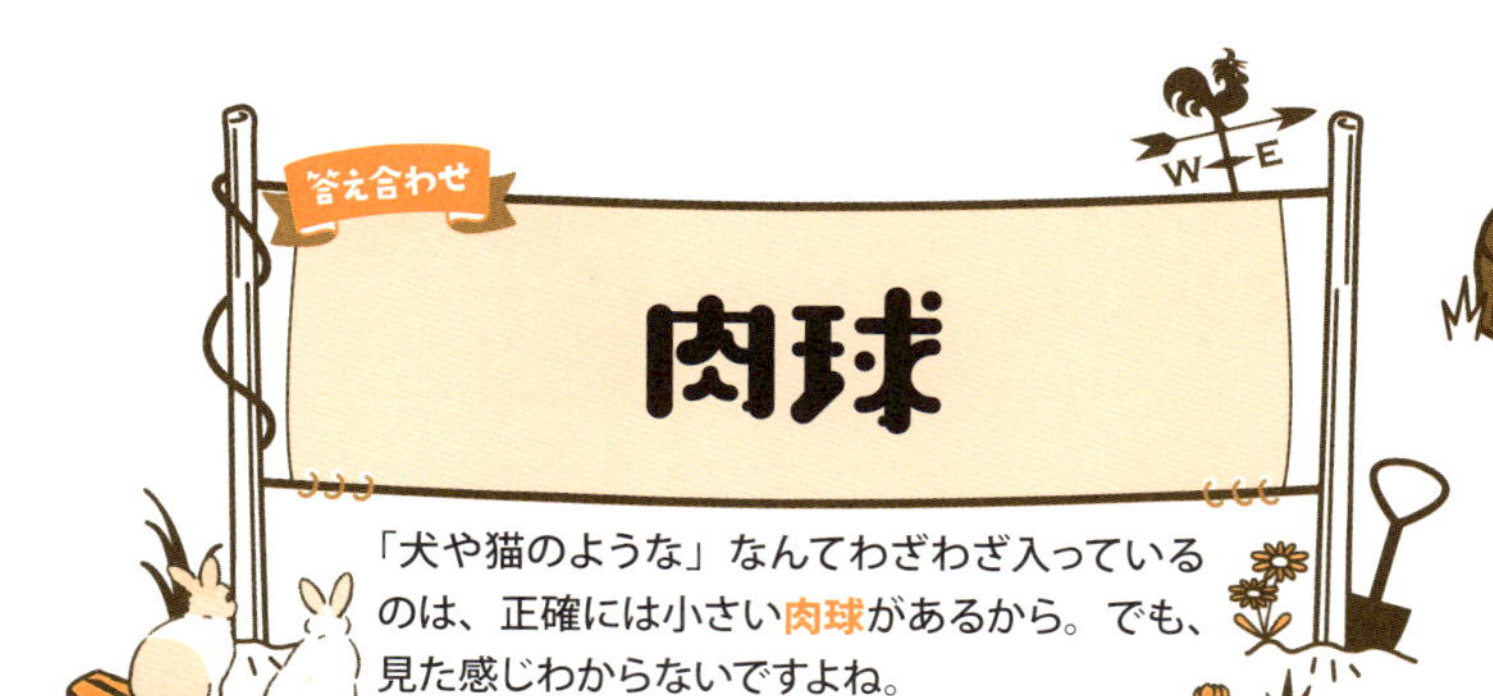

「犬や猫のような」なんてわざわざ入っているのは、正確には小さい肉球があるから。でも、見た感じわからないですよね。

うさぎの足裏には、犬猫のような肉球がなく、かわりにフカフカの厚い毛が覆っています。この毛はものをしっかりつかめる性質があり、おかげで岩場などの固くてすべりやすいところでも足の衝撃をおさえ、足裏を傷つけることなく快適に移動ができます。

ただし、家の中ではフローリングの床ですべりやすく、骨折する恐れもあります。また、足裏の毛が薄くなり炎症を起こすことも。予防するためには、うさぎのスペースにクッションシートなどを敷いてあげましょう。

21 からだ

前足と後ろ足の長さが

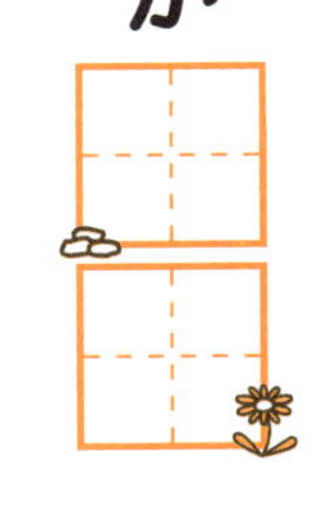

答え合わせ

違う

同じとお答えの方、よくうさぎを見てください。全然長さが**違います**よね？　**異なる**も、字数は合いませんが正解です。

うさぎの体の特徴として、後ろ足と前足の長さが極端に違うことが挙げられます。長い後ろ足と後ろ足の強力な筋肉は、猛スピードで逃げるときに力を発揮します。逃げるときの前足は、補助的に後ろ足の動きを助ける程度で、それほど機能的ではありません。ですが、カンガルーのように飛び跳ねて移動するよりも、前足をつくことで移動はスムーズです。

短いけど強靭な前足が役に立つのは、主に巣穴を掘るとき。

ちなみに、足指の数も前足が5本、後ろ足が4本と違います。

臭腺

さんざん出てきた言葉なので、みなさん正解したでしょうか？　**肛門**だけでは△です。においを出す**臭腺**はほかにもあるので。

から出るにおいでマーキング

においで、いろいろな情報をやりとりするうさぎ。なわばりの主張や、繁殖期の自己アピールなどは、臭腺から出るにおいをいろいろな場所につけて回って行います。

臭腺は、あごの下と生殖器の脇の「鼠径腺（そけいせん）」と肛門腺の3か所にあります。マーキングの行動には、あごをこすりつけたり、オシッコをひっかけたり、ウンチを落としていくなどがあります。自分のにおいを残したいというのはうさぎの本能なので、マーキングのオシッコやウンチをやめさせることはできません。

メスは2、3歳くらいで□□が目立つように

答え合わせ

肉垂

マフマフとも呼ぶので、これも正解です。
肥満って!? メスのみなさんに怒られますよ!
肥満は飼い主さんの責任でもありますし……。

オスは生後4か月くらいで睾丸が降り始めるので、それでだいたい見分けがつきます。慣れた人だと、メスは尾の下に縦長の生殖口があり肛門までの距離が短いので、オスメスの見分けがつきます。

メスの見分けでだれでもわかるのが、アゴの下に2～3歳くらいで現れる「肉垂」。俗称で「マフマフ」と呼ばれるこの皮膚のたるみは、メスに見られます。妊娠中はこの周辺の毛を抜いて巣作りをしたりします。お乳の数は左右に4対、合計8個で、5対持つ子もいます。

うさぎ4コマ
いろいろ編
挟まりたい
換毛いろいろ
M字
アーチ
こ●かめ
ブラッ●ジャック

うさぎのきもち
3時間目
うさぎたちは、いろいろな方法で
きもちを伝えてきています。
表情、姿勢・しぐさなど4つのパートに
分かれた全 48 問に挑戦してみてください。

きもち、伝わってる？

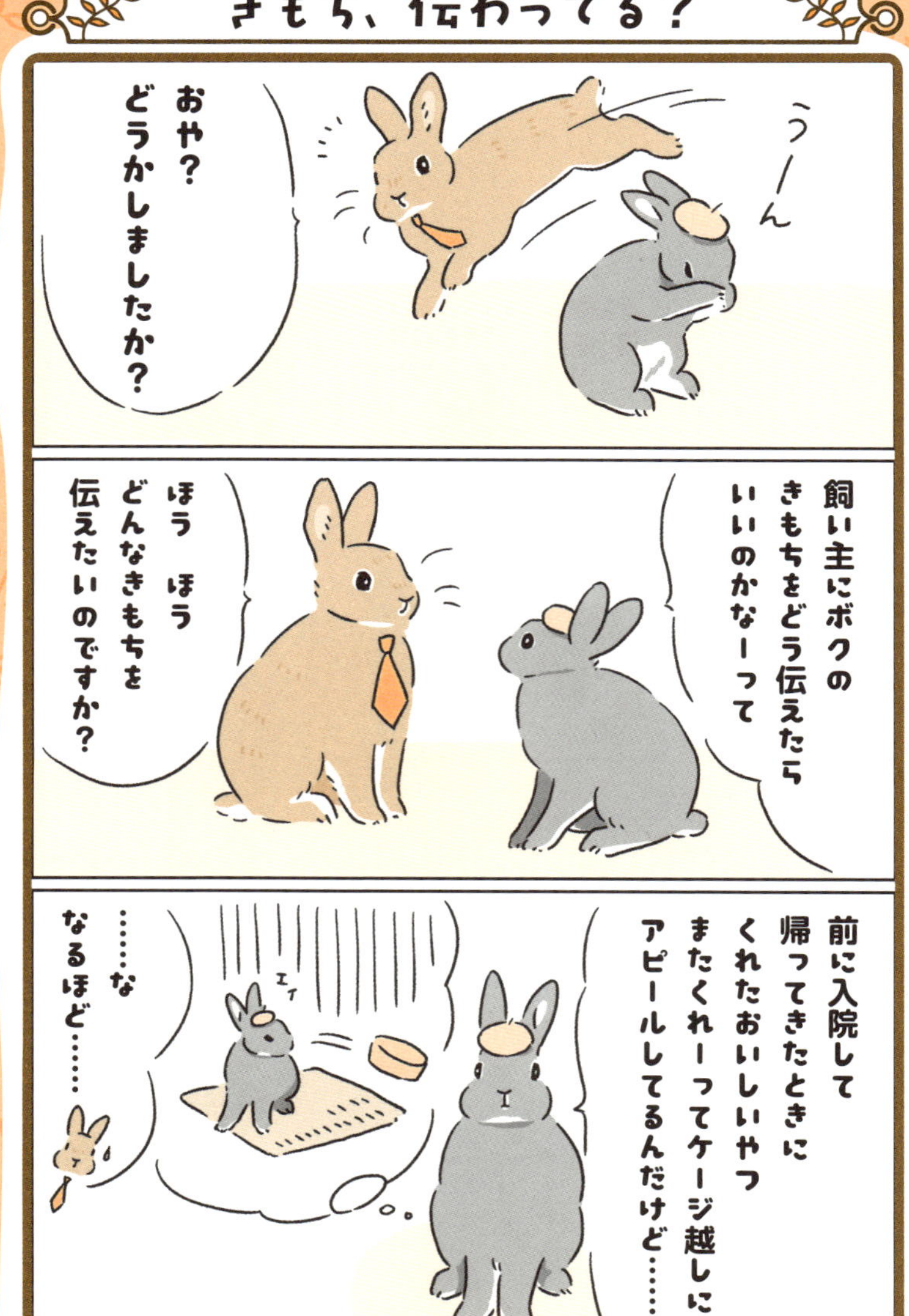
う〜ん
おや？
どうかしましたか？
飼い主にボクの
きもちをどう伝えたら
いいのかなーって
ほう　ほう
どんなきもちを
伝えたいのですか？
前に入院して
帰ってきたときに
くれたおいしいやつ
またくれーってケージ越しに
アピールしてるんだけど……
エイ
……な
なるほど……

3
時間目

うさぎのきもち

うちの飼い主ちゃんは ナデナデしてほしい ときと放っておいて ほしいとき わたしのきもちちゃんと わかってくれるのよ
エッヘン!
でも~ 飼い主さんって どうして わたしたちの きもちがわかっ ちゃうのかしら?
え……?
なんで かな?
エスパー なの かしら?
それは ですね……
そっ
なんでだかわからないけど、 飼い主さんにきもちが 伝わるとうれしいよね!
うん うん
だよね~
みなさん 教えずとも 一番大切な ことをわかって いるようですね
ハイ!

課題1

「表情からきもちを読み取ろう」

アンゴラ校長

うさぎは無表情……なーんて言われてしまいますが、ポイントをおさえれば気持ちも読み取れます。

表情の読み取りポイント

目

イキイキと輝いているときは元気、楽しい。目を細めているときはリラックス。緊張、警戒中は目を大きく見開く。

耳

ピンと立てて、あちこちに耳を向けているときは情報収集中。耳を後ろにペッタリ倒し、目を見開いているときは怖がっています。

鼻

ヒクヒク動かす速度に注目。速いときは、情報を収集する必要があるときで、警戒モード。ゆっくりのときは、警戒する必要がないときでリラックス中。完全に止まっているときは就寝中。

Point!

警戒中、不安、怖いときには目や耳に力が入り、鼻も高速で動いています。逆にリラックスモードだと目、耳、鼻、表情全体から力が抜けています。

表情 1

興奮すると□□が見えちゃう

人間も、何かに驚いたときに思わず目を大きく見開きますが、うさぎも驚いたときや怖いときに目を見開きます。そのときに、ふつうは見えていない白目が少し見えることが。

カメラのフラッシュや大きい音などに驚いて白目をむいても、危険がないことがわかればふつうの表情に戻ります。全身を低く伏せて怖がっているときは、急な動きや物音をさせないように見守りましょう。

好物を目の前にするなど興奮したときも、全身に力が入って白目を見せることがあります。

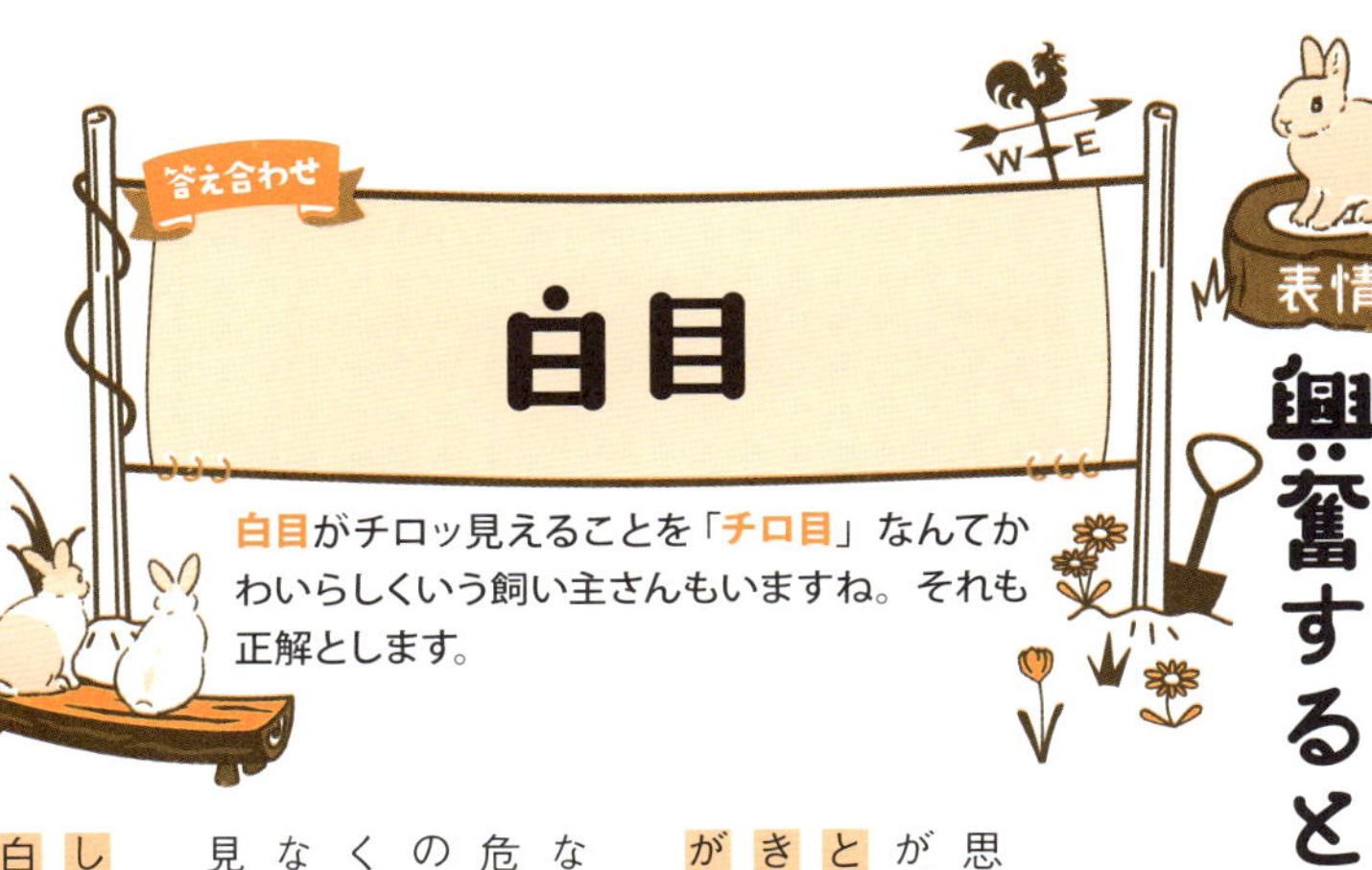

白目がチロッ見えることを「チロ目」なんてかわいらしくいう飼い主さんもいますね。それも正解とします。

リラックスすると目を□□□

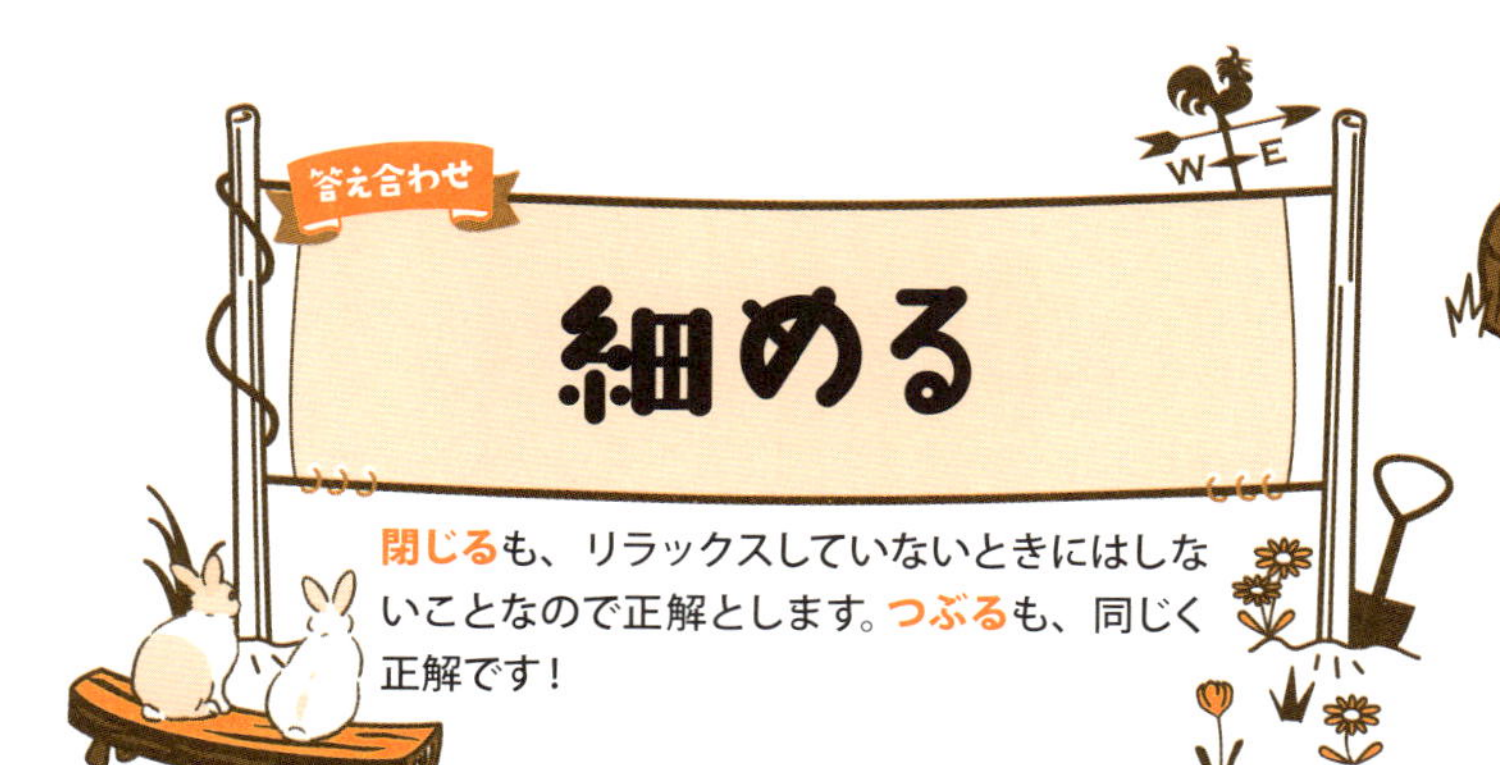

閉じるも、リラックスしていないときにはしないことなので正解とします。**つぶる**も、同じく正解です！

もともとうさぎは、寝るときも目を開けたままというくらい常に危険がないか周囲にアンテナを張って、緊張して生きてきた動物。

それなのに**目を細めるということは、今の暮らしに危険がないことがわかっていて、心から安心しリラックスしている証拠**です。

撫でられて気持ちがよくて目を細めているうちに、いつしかそのままウトウト眠ってしまうことも。そんな瞬間は人間でもそうですが、至福の時間でしょう。見ているこちらまで幸せになりますね。

うさぎの目が乾かない理由

飼い主Aさん

目を開けたまま寝るうさぎですが、目は乾かないのでしょうか？

解説

うさぎの目には、人間にはない第3のまぶたといわれる「瞬膜（しゅんまく）」があります。これが、目の表面を覆って保護します。瞬膜は、上下のまぶたと異なり、水平方向に開閉します。
涙の成分も油分を多く含み蒸発しにくくなっています。
うさぎを見ていると、「まばたきをしないなー」と思うかもしれませんが、うさぎはまったくまばたきをしないわけではありません。1時間に10～20回と少ないですがまばたきをします。

Re:　野生では狙われる立場のうさぎの目には、閉じなくても乾かないしくみがあるのです。

アンゴラ校長

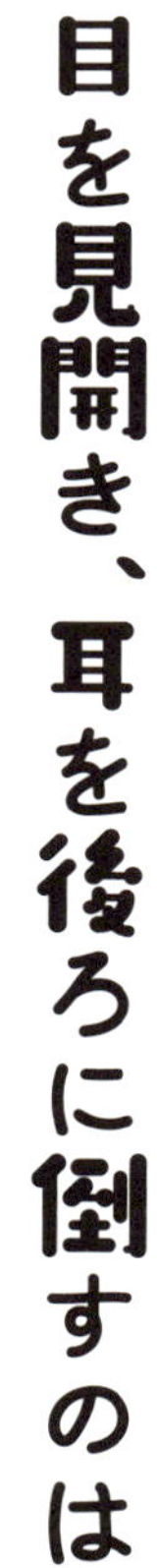

3
表情
目を見開き、耳を後ろに倒すのは□□とき

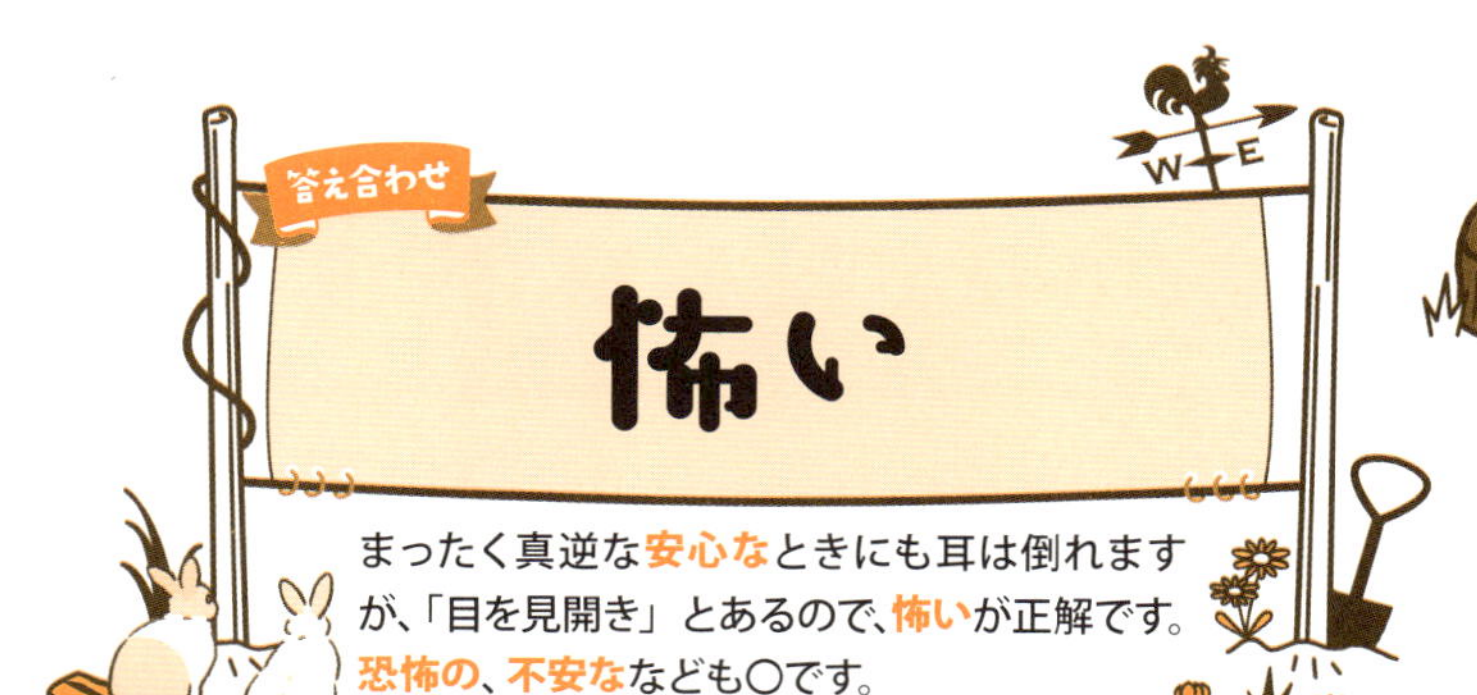

まったく真逆な**安心な**ときにも耳は倒れますが、「目を見開き」とあるので、**怖い**が正解です。**恐怖の**、**不安な**なども〇です。

撫でられて気持ちがいいと、目を細めて全身の力が抜けます。そのとき、耳も力が抜けて後ろに倒れていますが、警戒モードで耳を伏せるときは表情がまったく違います。

目は白目をむくほど見開き、鼻を素早く動かし、耳を倒して体もなるべく低く伏せます。もう逃げられないほど近くに敵が来たときは、**草のかげに身を隠しジッとすることで助かる可能性もあります。長い耳はそのままでは見つかりやすいので、後ろに倒して隠す**……それに近い怖い気持ちでいるようです。

表情 4

耳があちこち向くのは□□□のサイン

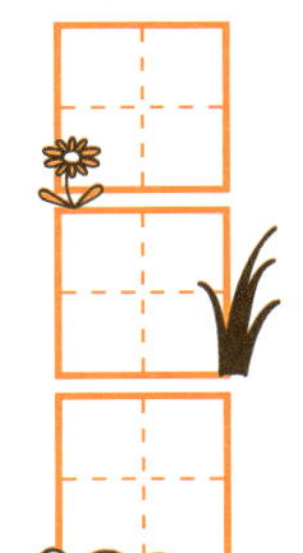

答え合わせ

警戒中

集音中とお答えの方、いいですね〜。その答えも、大正解です！　**聞いてるよ**も、字数は合っていませんが○です。

耳をピンと立てるのは、集中して音を聞きたいとき。その耳を左右あちこちに向けるのは、いろいろな方向から**気になる音がしていて、アンテナのように音のほうへ耳を向け、音をキャッチしているのです**。そして危険がありそうなときは、全身の意識をそちらに向けます。

ロップイヤーのうさぎが耳で目を隠すのは、見たくないものがあるからではなく、これも気になる音を聞くため。耳を前や上に動かし音をキャッチします。耳が目の高さより上についている子は、耳を動かせるようです。

5 表情

リラックス中も、□□が後ろに倒れる

「リラックス中も」という一言をヒントに考えてほしい問題でした。90 ページと比較してみると、様子が全然違いますよね？

飼い主さんのそばに寄りそい心地よく撫でてもらっていると、うさぎの全身の力が抜けて、まるで床に溶けてしまったかのように耳もペタンと後ろに倒れることが。説明するまでもなく、こんなときのうさぎの気持ちは心からリラックスして幸せの極みです。

撫でていると飼い主さんまでウトウトと眠くなってくるかもしれませんが、くつろいだ気持ちはお互いに伝わるもの。警戒心の強いうさぎが、ここまで気を許してくれる幸せをかみしめたいですね。

なくなる、遅くなるは、まったく逆の意味なので不正解。高速にとお答えの方、わかってますね〜。必死にも〇です。

3 時間目

うさぎのきもち

6 表情

警戒中は、鼻の動きが□□なる

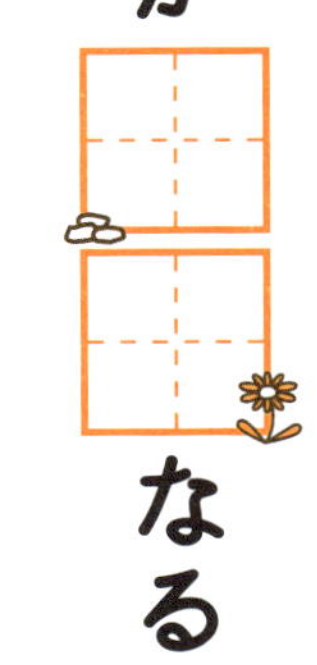

うさぎは生きるために、においでいろいろな情報を収集します（↓65ページ）。敵を察知したり、恋の相手を探したり、おいしいもののありかも全部においでわかるので、起きている間は鼻をヒクヒクさせて鼻孔を開閉させてにおいを嗅ぎ続けます。

何もなければ一定の速さで鼻を動かしますが、高速で動くのはそれだけ必死で情報を集めなければいけないときです。

危険があるかもしれないときはもちろん、好物のにおいを嗅ぎつけたときも、必死で鼻を動かします。

7 表情

寝ているときは□□の動きが止まる

鼻について何度か説明してきたので、みなさん正解ですよね？　体なんて、当たり前すぎの答えはなしですよ！

起きている間は鼻をヒクヒク動かして、鼻孔を開閉させ常ににおいを嗅いでいるうさぎ。しかし、**寝ているときだけは鼻孔が閉じて鼻の動きが止まります**。目を開けて寝るせいで、寝ているのか寝ていないのかよくわからないうさぎですが、鼻を見ればわかります。

ただし、眠りは短いので、それもわずかな時間。周りで音がしたり、だれかが近づく気配がするとすぐに起きます。家の中で警戒心ゼロの子だと、おなかを見せて寝ているので、鼻を見なくてもわかりますけどね……。

鼻ピクの速度でリラックス度がわかる

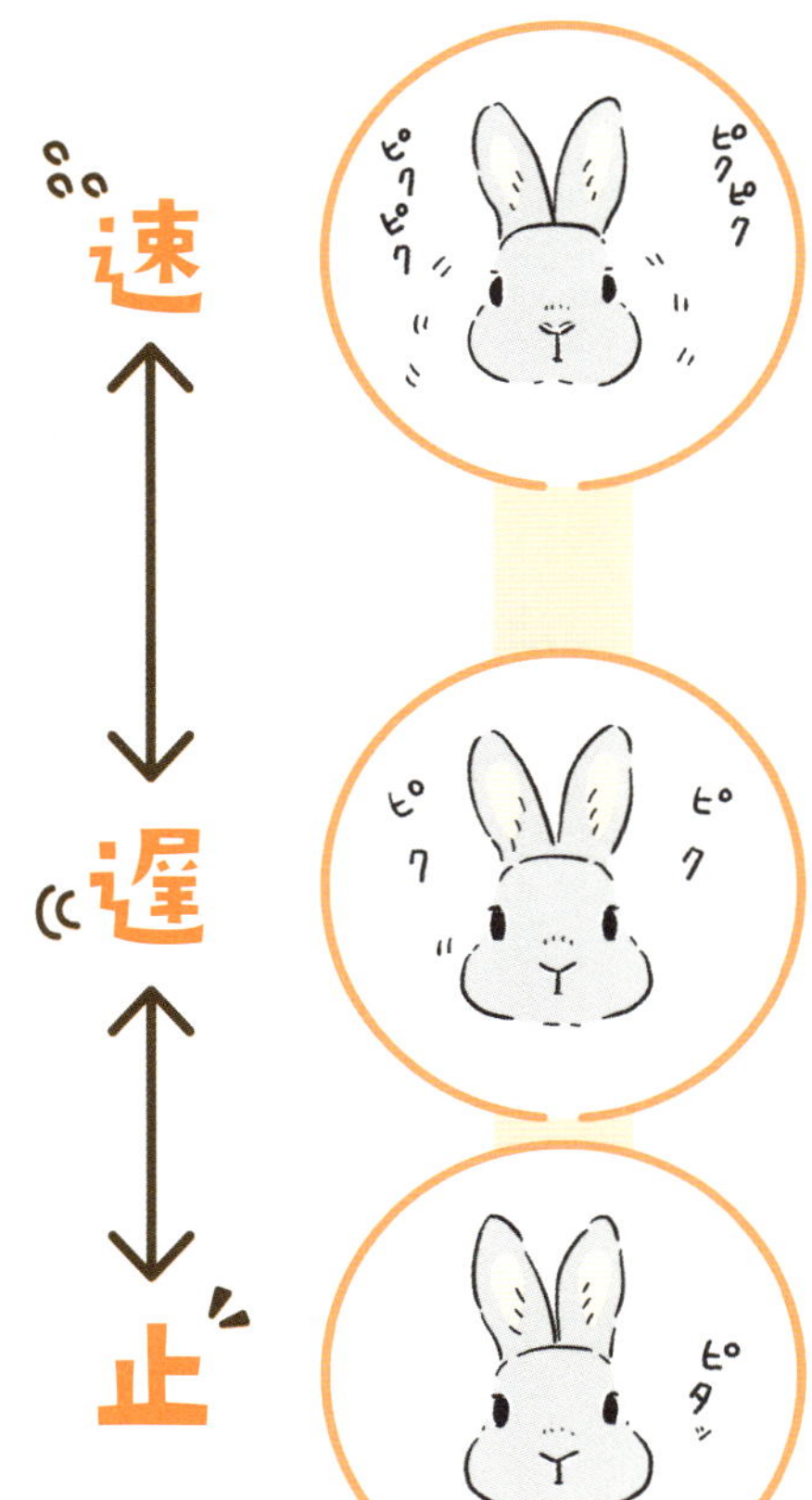

速い

「何！？　このにおい！？」とにおいの元を必死で探っているところ。人間も気になるにおいだと鼻をくんくんさせますが、鼻をヒクヒクさせることで、におい分子を素早く脳へと送り情報を分析するのです。警戒中のとき鼻の動きは速くなりますが、好物に興奮しているときも速くなります。

ゆっくり

危険なことは何もなさそうで、安心、リラックス中。「いつもと変わりないかな～」といったのんびりした気分です。

ストップ

だんだん動きがスローになっていき、ストップすると、完全に寝ています。でも、物音なんかがするとすぐに起きちゃったりします。

「姿勢・しぐさからきもちを読み取ろう」

アンゴラ校長：まず、大前提としてうさぎの気持ちはシンプル。人間のように複雑ではなく、大きく次のふたつにわかれます。

うさぎの気持ち

不安・警戒モード

- いつもと違う
- 危険が迫っている！？
- 警戒
- 怖い

安心・リラックスモード

- いつもと同じで安全だ
- 気持ちがいいな～
- 幸せ
- 楽しい

アンゴラ校長：うさぎの表情や姿勢から気持ちを読み取るときには、上のふたつのどちらに気持ちが傾いているのかを考えましょう。

不安・警戒モード

- 体に力が入る
- すぐに逃げ出せる姿勢

安心・リラックスモード

- 体の力が抜けている
- すぐには逃げ出せない姿勢

足を□□□のが基本の寝姿

しまうも、正解です。**伸ばす**とお答えの方、「基本」ではないので不正解ですが、あなたのうさぎは安心しきっているようですね！

いつ敵に狙われるかわからないという危機感が、DNAレベルで刻まれているうさぎたち。寝ている時間に狙われないよう、目を開け、足をきちんとたたんで寝ているようには見えない姿勢で寝ます。**足の裏が地面についているこの体勢なら、異変があればすぐに逃げ出すことができるからです。**頭も高い位置にあり、すぐに音やにおいをキャッチできます。

基本の寝姿はコレですが、安心しきっている家の中のうさぎは、野生では見られない寝姿を披露します（→98、99ページ）。

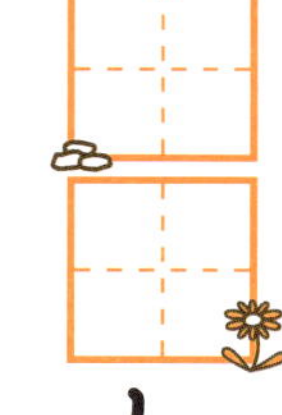

足を投げ出して寝るのは□□□□しているから

しぐさ 2

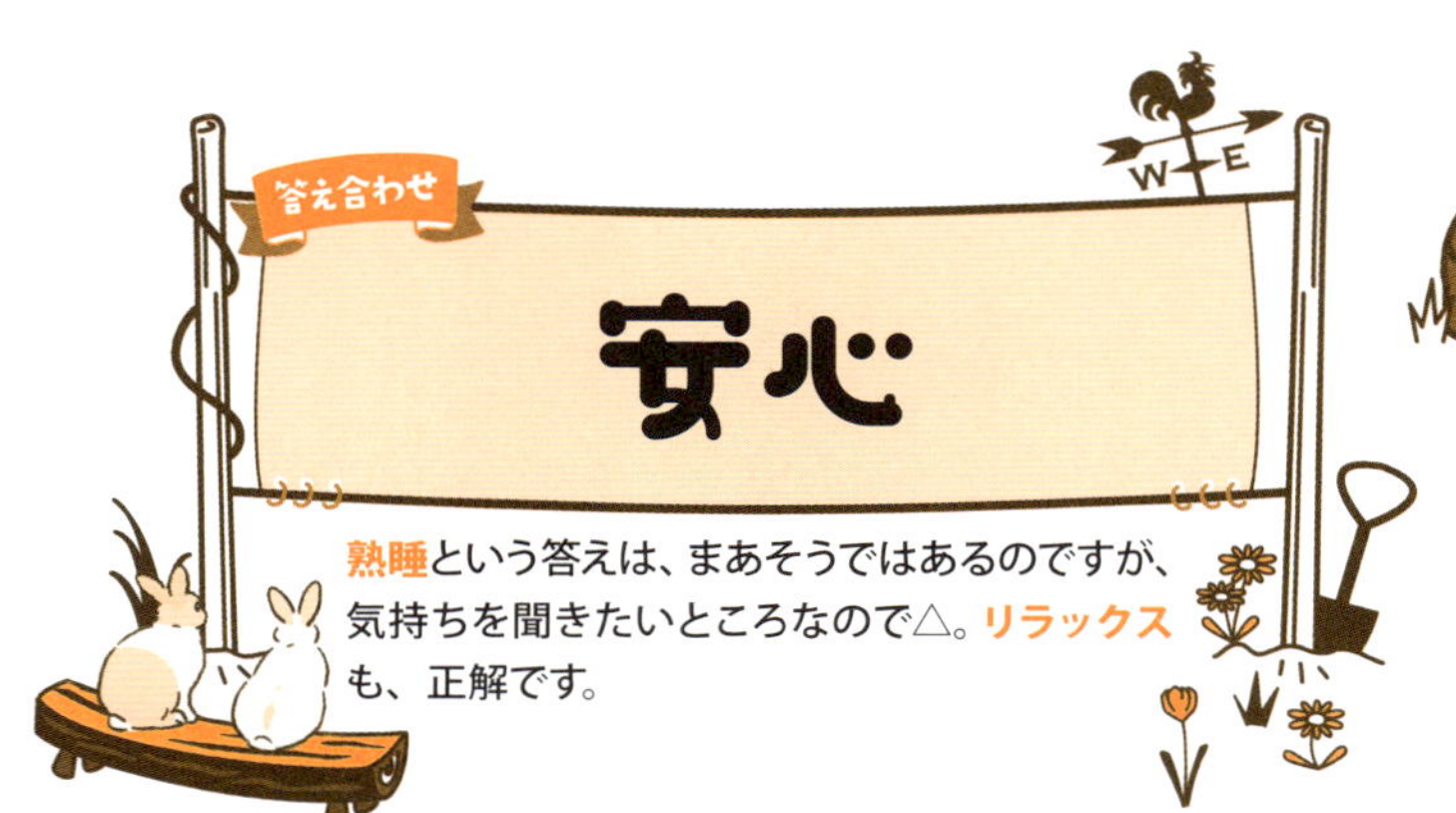

熟睡という答えは、まあそうではあるのですが、気持ちを聞きたいところなので△。リラックスも、正解です。

基本は警戒心が強い動物ですが、うさぎは頭がよいので、家の中が安全で敵に狙われる心配がないことをやがて理解します。そうすると警戒モードを解除し、くつろいだ姿を見せてくれるようになります。足を伸ばし、床におなかをつけた寝姿もそのひとつ。

野生でも、敵が近くにいなければ、頭を下げてのんびりくつろぐことはありますが、それでも足裏は地面につけたままでしょう。頭の位置が高いと遠くまで警戒できるので、頭を地面につけるのは安心のサインです。

背中も横になって寝ているなら、見る角度の違いなので正解。**足裏**も○。98 ページのイラストより下のイラストのほうが警戒度は低め。

3 しぐさ

警戒心ゼロだと□□□を見せて寝る

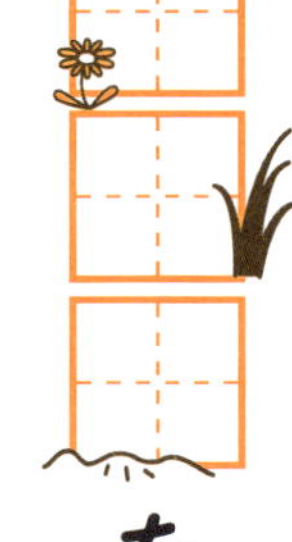

横になっておなかを見せて寝ていれば、98ページよりもさらにすぐに逃げ出すことができない状態。警戒度は0です。多くの動物にとって**おなかは急所な**
ので、そのおなかを見せて寝る
ことができるというのは、それ
だけ飼い主さんと今の環境に安
心しきっているという証拠です。

ちなみに、仰向けにするとうさぎは眠ったようにおとなしくなります（→178ページ）。病院で診察のために仰向けにはしますが、無理に仰向けにすると背骨を損傷してしまうかもしれないのでやめましょう。

怖いときは体も耳も□□□

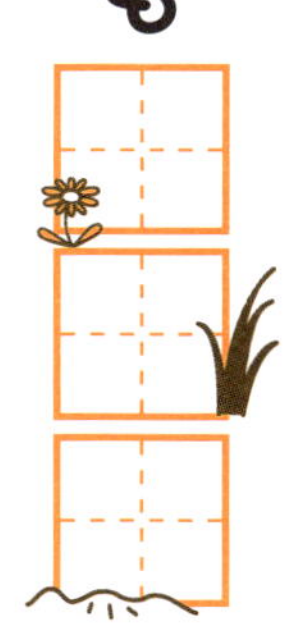

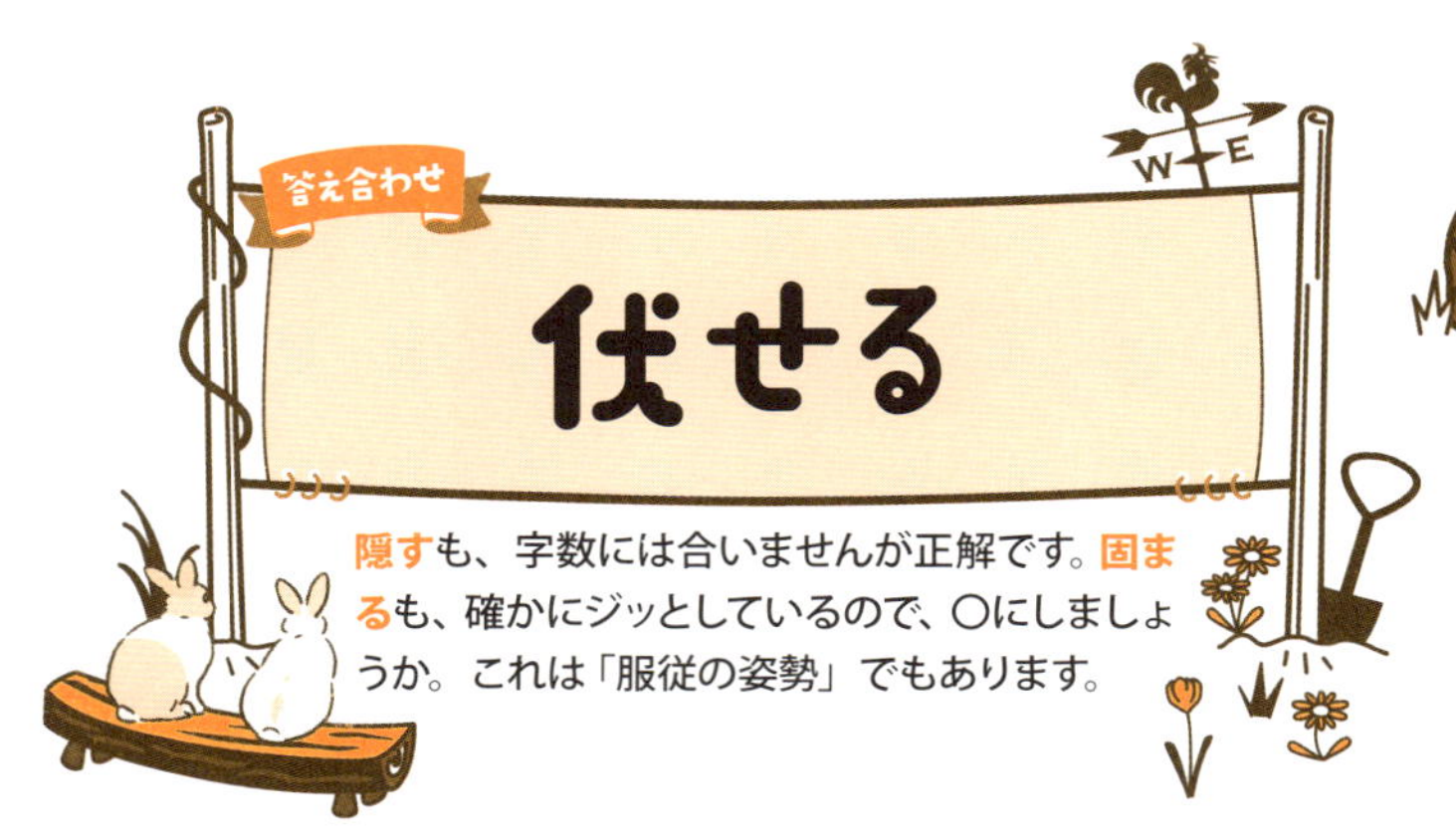

隠すも、字数には合いませんが正解です。固まるも、確かにジッとしているので、○にしましょうか。これは「服従の姿勢」でもあります。

野生ではにおいや音で警戒していても、敵が近くまで来てしまうことはあります。そんなときはジッとして危機が過ぎるまで隠れます。そのとき、目立つ長い耳は後ろに倒し、体も小さく縮め、気づかれないようにするのです。

また、ボスうさぎは、ときどき自分のなわばりを離れてほかのなわばりに侵入することがあるようで、そのときに別のなわばりの主に見つかると、耳と体を伏せてこの「服従の姿勢」をとります。そうしないと、たちまち闘いになってしまうようです。

姿勢からわかるリラックス度

耳だけなど表情の一部ではうさぎの気持ちは読み取れません。姿勢にも注目してくださいね。

リラックス度100%

- 耳の力が抜けて後ろに倒れる。全身の力が抜けて、頭も体もペッタリ地面にくっついている。
- 目を細めたり、閉じたりしている。

リラックス度50% 警戒度50%

- 足を体の下にしまって、頭も高い位置のまま寝ている。（寝ているということは、警戒度も低い）

警戒度75%

- 耳をピンと立て、目を見開き、高い姿勢を保つ。
- 鼻をヒクヒク速く動かして、情報収集中。

警戒度100%

- 大事な耳を伏せて後ろに隠し、体もなるべく小さく縮めている。
- 目は白目が見えるほど見開いている。

警戒度100%のとき、うさぎの心は怖さもマックス。さらに大きな音がしたり、飼い主さんが慌てて近づいてきたりするとパニックを起こすかもしれないので、落ちつくまでそっと見守って。

しぐさ 5

しっぽを立てるのは□□と□□の意味

うさぎのしっぽはフワフワで短く丸っこく見えますが、実は長くて7㎝くらいあります。

そのしっぽを上に反り立たせることがありますが、ひとつには仲間に危険を知らせる意味があります。シカも同じようにしっぽを立てて裏の白い色を見せて逃げますが、同じ被捕食者ならではの種を守るための合図のようです。

もうひとつ、オスがメスに求愛するという意味があります。近くにメスがいるとおしりが緊張してしっぽが上がり、それが求愛の意味になるのです。

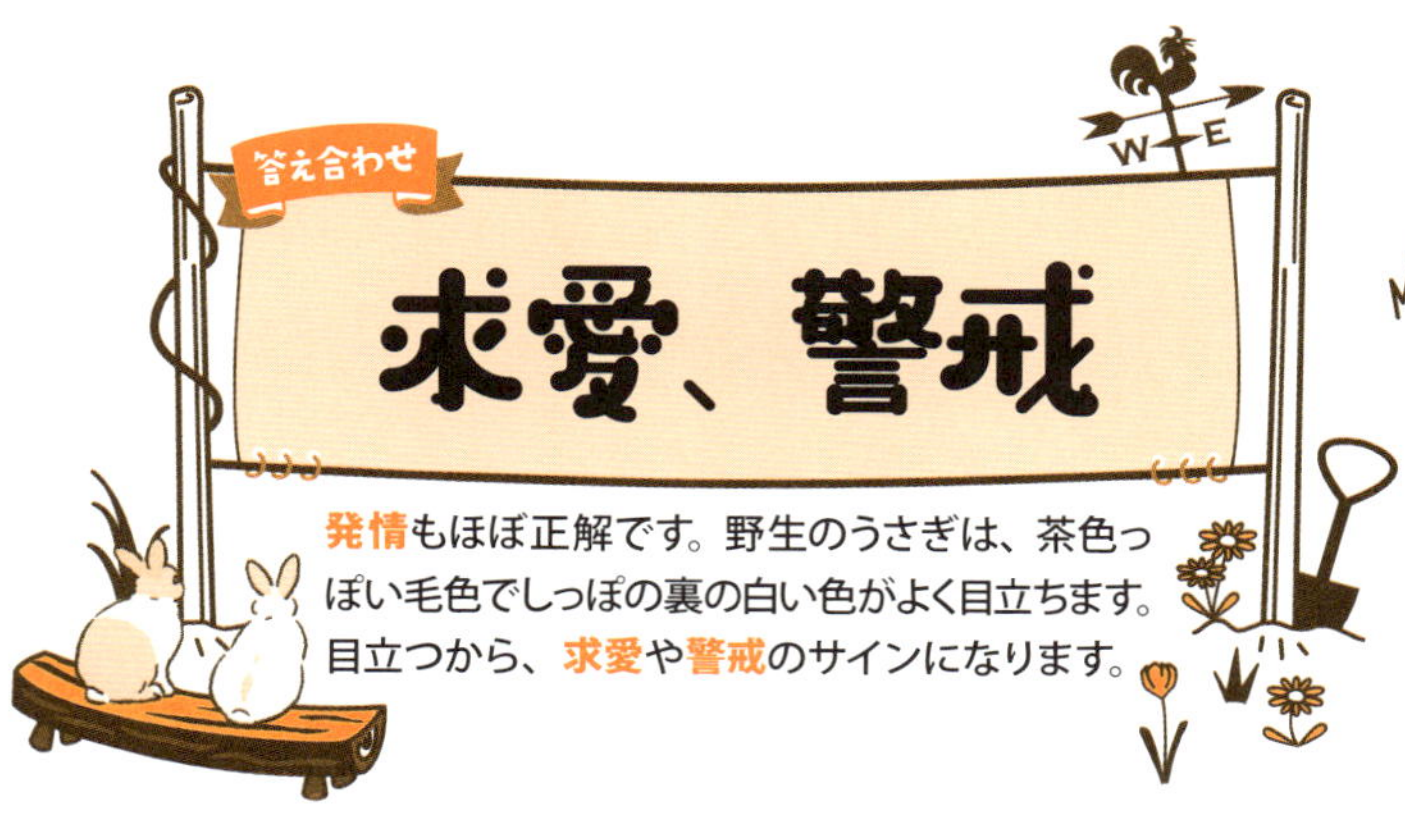

求愛、警戒

発情もほぼ正解です。野生のうさぎは、茶色っぽい毛色でしっぽの裏の白い色がよく目立ちます。目立つから、求愛や警戒のサインになります。

興奮すると□□□を振る

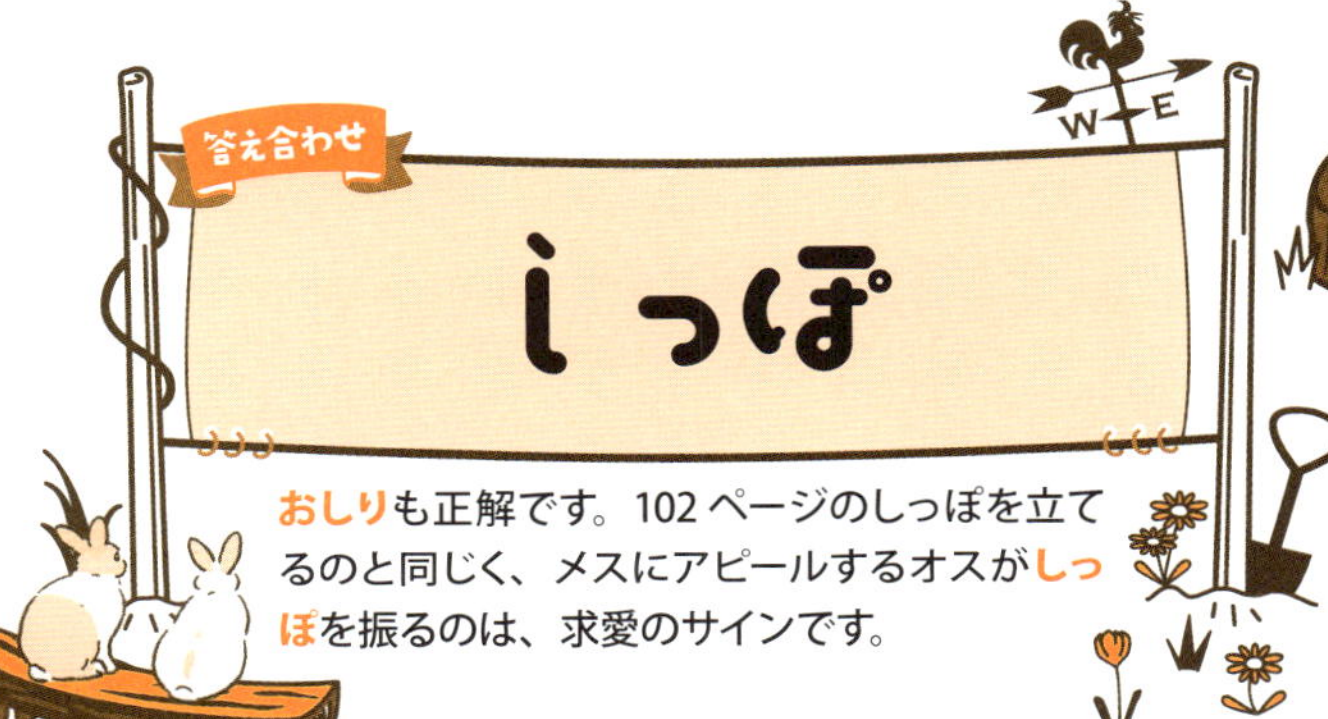

おしりも正解です。102ページのしっぽを立てるのと同じく、メスにアピールするオスがしっぽを振るのは、求愛のサインです。

繁殖期に発情したメスをオスは探して回ります。そして、気に入ったメスを見つけるとオスはしっぽを立ててアピール。背中の茶色に対してしっぽの白は目立ちます。さらにそのしっぽを振って求愛しますが、メスは食事中だったりして気づかず無視される場合が多いよう。

それ以外でも、家で飼われているうさぎがしっぽを振る行動は、好物に興奮しているときや集中してにおいを嗅いでいるときなどに見られます。理由はわかりませんが、興奮したり緊張したりするとしっぽを振るようです。

しぐさ 7

もづくろいは□□□□したいときもする

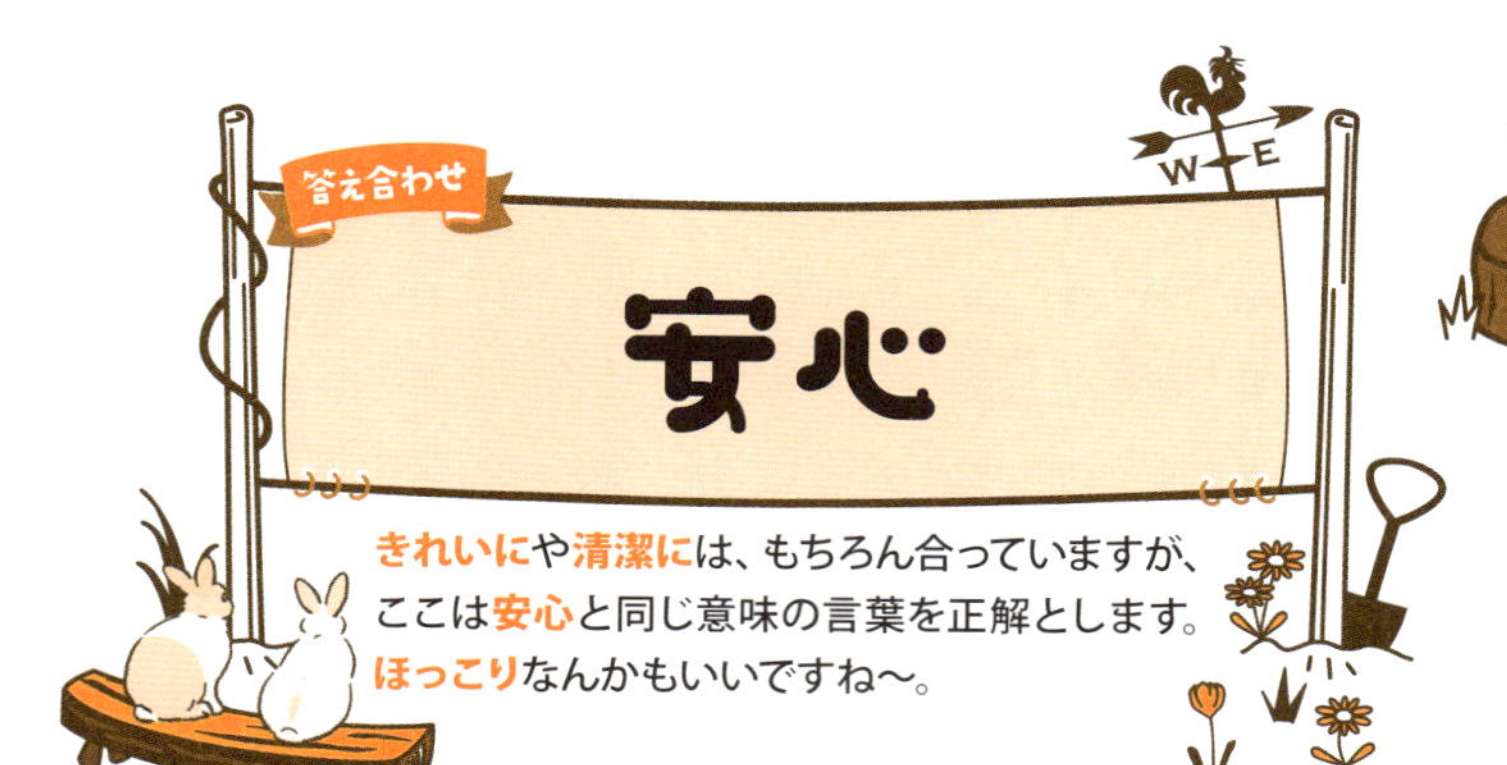

きれいにや**清潔に**は、もちろん合っていますが、ここは**安心**と同じ意味の言葉を正解とします。**ほっこり**なんかもいいですね〜。

野生では、それほど頻繁に毛づくろいをしないようですが、家の中ではそれが許される環境だからか、しょちゅう**体をなめてきれいにしている**姿を見かけるのではないでしょうか。

母うさぎは、赤ちゃんを産むと赤ちゃんをなめてきれいにします。しかしその後は、あまりなめることはないようです。ほかの哺乳類のようになめて刺激を与えなくても、子うさぎたちは自分で排せつができるからです。

それでも、生まれたときの記憶からか、**体をなめることで落ちつくようです**。

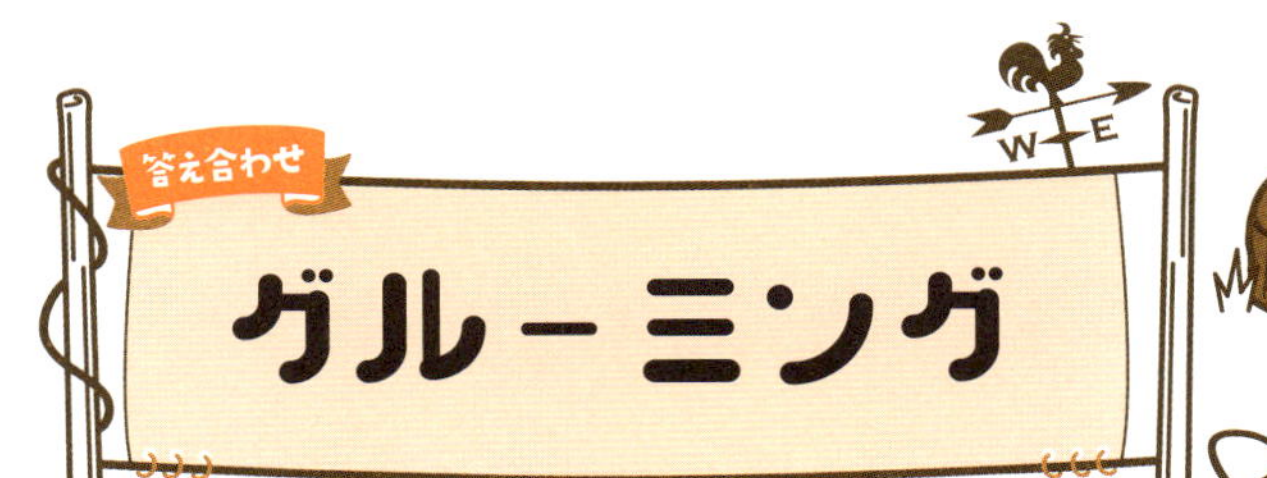

字数は合いませんがティモテも正解にしましょう。お若い方はご存知ないでしょうけど……。耳をきれいにも正解です！

両前足で耳を挟んで

する

体はなめてきれいにしますが、顔や耳は両前足に唾液をつけて、こすって汚れを落とします。その前に、前足を拍手するようにパンパンしてついた汚れを落とすことも忘れません。そのしぐさはまるで柏手を打つお相撲さんみたいです。

耳は音を聞くためにも体温調節のためにも大切な器官なので、時間をかけてグルーミングを行います。垂れ耳うさぎが、耳を挟んでグルーミングするしぐさは、髪の長い乙女がシャンプーをするようで人気があります。立ち耳の子もたまにします。

9 しぐさ

とバタンと倒れる

気持ちいい、**くつろぐ**なども正解。**敵がいる**などと答えた方はいませんか？　うさぎは死んだふりなんかしませんよ！

人間が休むときは、まずはおしりをおろして頭を打たないようにゆっくりと横になりますが、うさぎはこのように段階をふんで横になれないようです。

うさぎがくつろぐときは頭から倒れこむように横になります。このとき、バタンと結構大きな音がするので、知らないと驚いてしまうと思いますが、うさぎは涼しい顔をしているはず。

倒れこむ前に充分走り回ったり、ごはんを食べたりして、うさぎ自身は満足した気分で横になっているのです。「いいね〜」などと共感してあげましょう。

うさぎ4コマ
しぐさ編
とろける
つんつん
それそれ
そこそこ
きもちいい〜
グルーミングいろいろ
シャドーボクシング
シュッシュッ
ティモテ
お祈り
盆踊り

「行動からきもちを読み取ろう」

行動の読み取りポイントは、その行動が「本能」によるものか「学習」か見分けること。本能による行動は、うさぎという生態ならではの理由があってやっているのです。

アンゴラ校長

うさぎの"本能"と"学習"の行動例

うさぎの本能

これらは、うさぎの本能に刻まれた行動で、やめさせることはできません。

飛びシッコ（スプレー）

p118

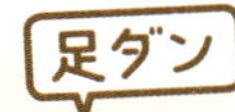

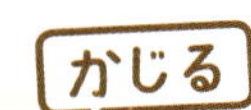

p134

うさぎの学習行動

上の行動は"本能"によりますが、その行動をすることでうさぎに「よいこと」があると、「学習行動」になってしまいます。

例：足ダン

1. いつもとちがうなど、不快な感じがして、何も意図せずに足ダンをした。
2. すると、飼い主さんが「外に出たいの？」と言ってケージから出してくれた。
3. 「足ダン」すると「外に出してもらえる」と学習したうさぎは、その後も足ダンをくり返すようになる。

音も正解ですが、その音は鳴き声ではありません。鼻を鳴らす音のほかに、のどの鳴る音という説もあるので、のども〇とします。

1 行動

ご機嫌だとプウプウ□を鳴らす

うさぎの声帯は発達していません。犬や猫のように鳴き声はめったに出しませんが、鼻が鳴る音が気持ちを表していることがあります。

聞こえる音は人によってそれぞれですが、プウプウとかグーグーとか小さく空気が抜けるような音を鼻から出しているときは、リラックスをしているときです。撫でられて気持ちがいいときや甘えたいときなどに、耳をすますと聞こえてきます。

近くに寄ってきて、こんな音を出しているときには相手をしてあげましょう。

　　が発達していないので、ふつうは鳴かない

答え合わせ

声帯

すみません、**声帯**という言葉をご存知なければ難しい問題でしたね。**のど**も広い意味で正解としましょうか。

うさぎには声帯がないわけではなく、未発達ながらあるにはあるようです。しかし、ほかの動物のように、親を呼んだり、警戒を促したり、コミュニケーションに声を使うことはありません。**コミュニケーションの手段は主ににおいで、音はあまり役割をはたしていません。**

それでも怒りや喜びを、鼻が鳴る音などで表現することがあります。鼻の音ではなく、のどの音だとする説もありますが、いずれにせよ何か伝えたくて出す音ではなく、勝手に出てしまう音のようです。

うさぎが鳴かない理由

うさぎは声帯が発達していないので、ふつうは鳴きません。でも、中には鳴くうさぎもいるそうで……。

うさぎは声でコミュニケーションをとらない

野生で狙われる立場であったうさぎは、鳴き声をあげれば敵に見つかってしまうので、声帯が発達しなかったのではないかと考えられます。おとなのうさぎはあまり鳴きませんが、子うさぎは危機がせまると「キー、キー」と鳴きます。

補足

鳴くうさぎもいる

日本の北海道に生息する「ナキウサギ」は、鳴き声で仲間とコミュニケーションをとります。岩場で暮らすため、なわばりを知らせたり、危機が迫ったときに鳴き声を上げます。オスは「キイキイ」、メスは「ピイピイ」と鳴きます。

3 行動 恐怖で「 」と鳴くこともある

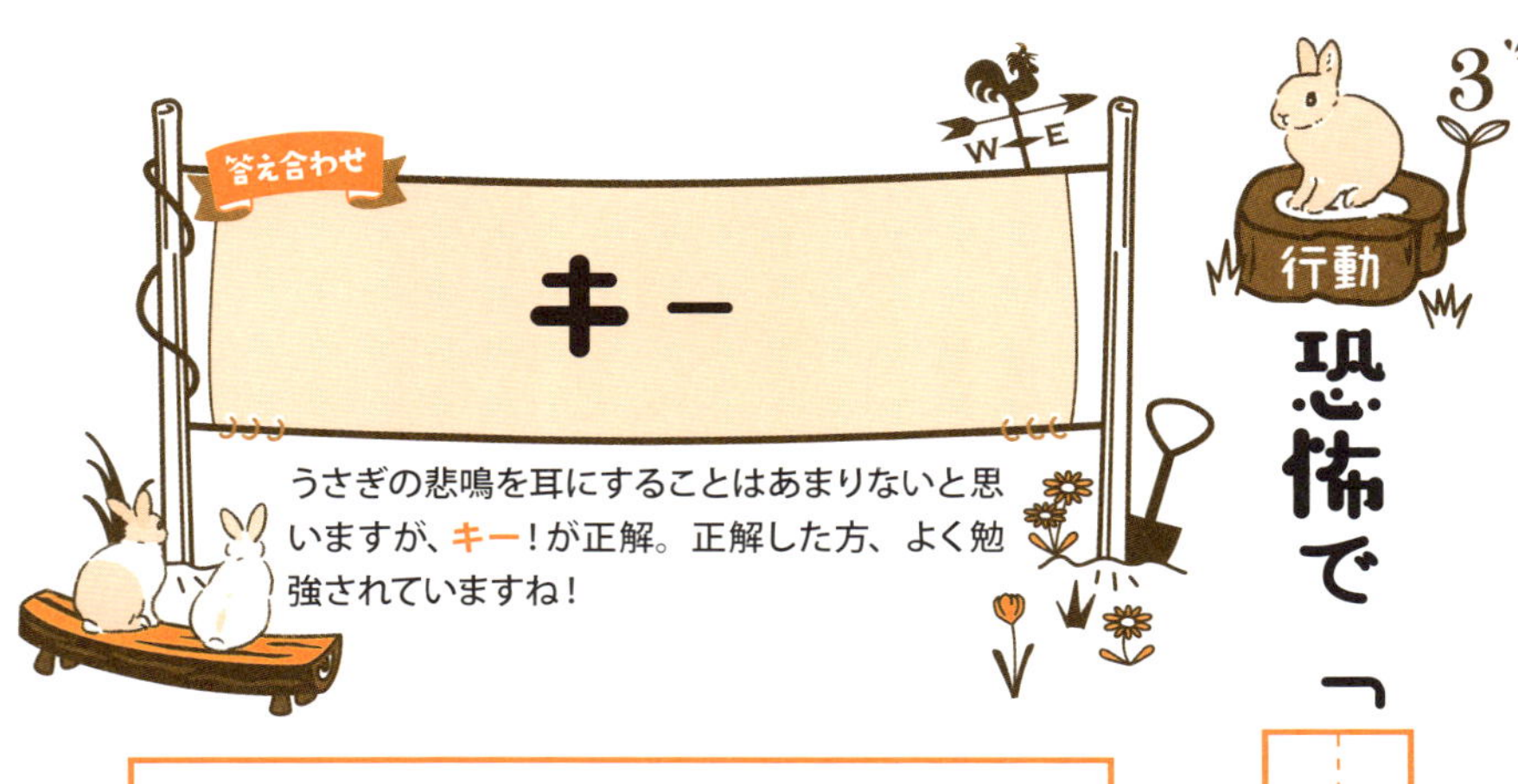

うさぎの悲鳴を耳にすることはあまりないと思いますが、**キー**！が正解。正解した方、よく勉強されていますね！

うさぎのコミュニケーションは、音ではなくにおいにたよります。しかし、野生で捕食動物に襲われたときだけは「キー！」という鋭い叫び声を上げます。その声を聞いた仲間はいっせいにその場から逃げ出し、安全になるまでジッと待ちます。

家庭でこの怯えたような甲高い「キー！」という鳴き声を発したときは、激しい痛みや敵に襲われるのに匹敵するほど強い恐怖に襲われたということ。慌てるとさらにパニックを起こしてしまうので、落ちついて対処しましょう。

怒ると「□□、□□！」と鳴く

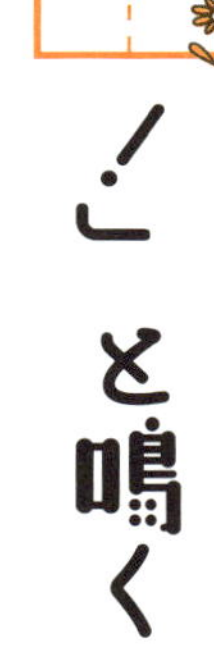

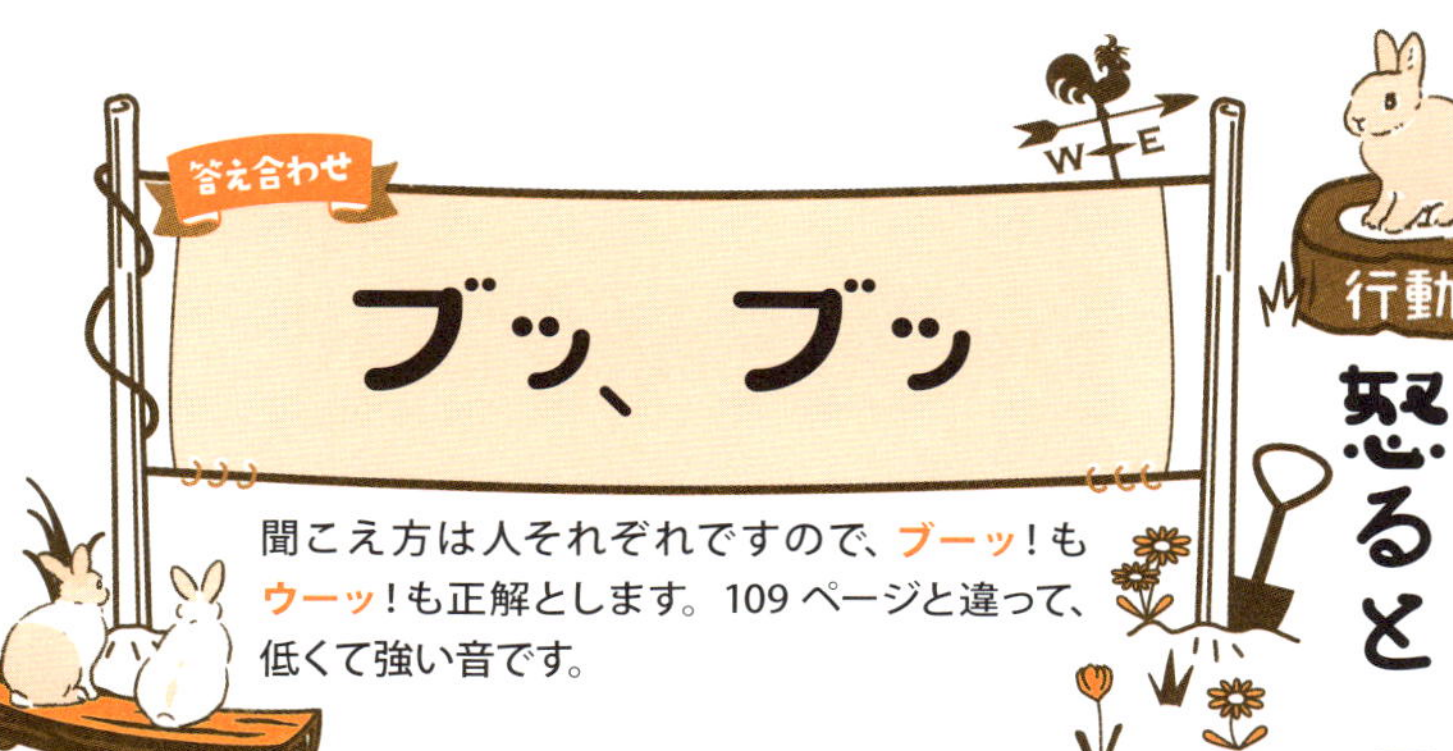

聞こえ方は人それぞれですので、ブーッ！もウーッ！も正解とします。109 ページと違って、低くて強い音です。

これも鼻やのどを鳴らす音といわれていますが、うさぎが「ブッ、ブッ！」と低く短い音を発することがあります。これは、怒っていたり警戒していたり、発情中に発する音です。「ウーッ！」といううなり声を出す子もいます。

この音を出すときは気が立っているので、ほかのうさぎがいれば引き離し、うかつに手出しすることは避けましょう。

怒っている原因がわからないこともあるかもしれません。性成熟を迎えると無性にイライラすることもあるようです。

行動 5

気持ちいいと□をコリコリ鳴らす

鼻は説明済みですし、「コリコリ」とあるので、ここでは歯が正解。音ですか……、何とか答えようとするその姿勢を称え、△をあげます。

撫でているときなどに、カリカリ、コリコリ。何の音かというと、うさぎが軽く歯ぎしりをしている音です。表情を見れば、目を細めて気持ちよさそうにしているはずなので、意味はすぐにわかると思いますが、「気持ちいいな～」ということ。猫がゴロゴロとのどを鳴らすのと同じようなものです。

反対に、体に痛みがあったりしたときにも、歯ぎしりをすることがあります。このときの歯ぎしりはギリギリ、ガリガリと強め。体を丸めているなど、全身の様子から判断して。

あくび

6 行動

あくびをするのは眠いときだけじゃない

眠いときにするものといえば、**あくび**ですよね。**毛づくろい**？　なるほど！　これは一本取られました。正解にしちゃいます。

うさぎも、小さい口を口の中が丸見えになるくらいに大きく開けて、あくびをします。

あくびのメカニズムは人間でもあまりわかっていませんが、うさぎがあくびをするタイミングもだいたい人間といっしょです。**眠いとき、目覚めて次の行動に移るとき、退屈なときなどにあくびが出ます**。起きて「よし、やるぞー」というあくびは、人間と同じように体を伸ばしながら出すことが多いようです。

また、これも人間と同じですが、あくびがくり返し出るときは、体調が悪い場合があります。

行動 7

気合を入れたいときに□□をする

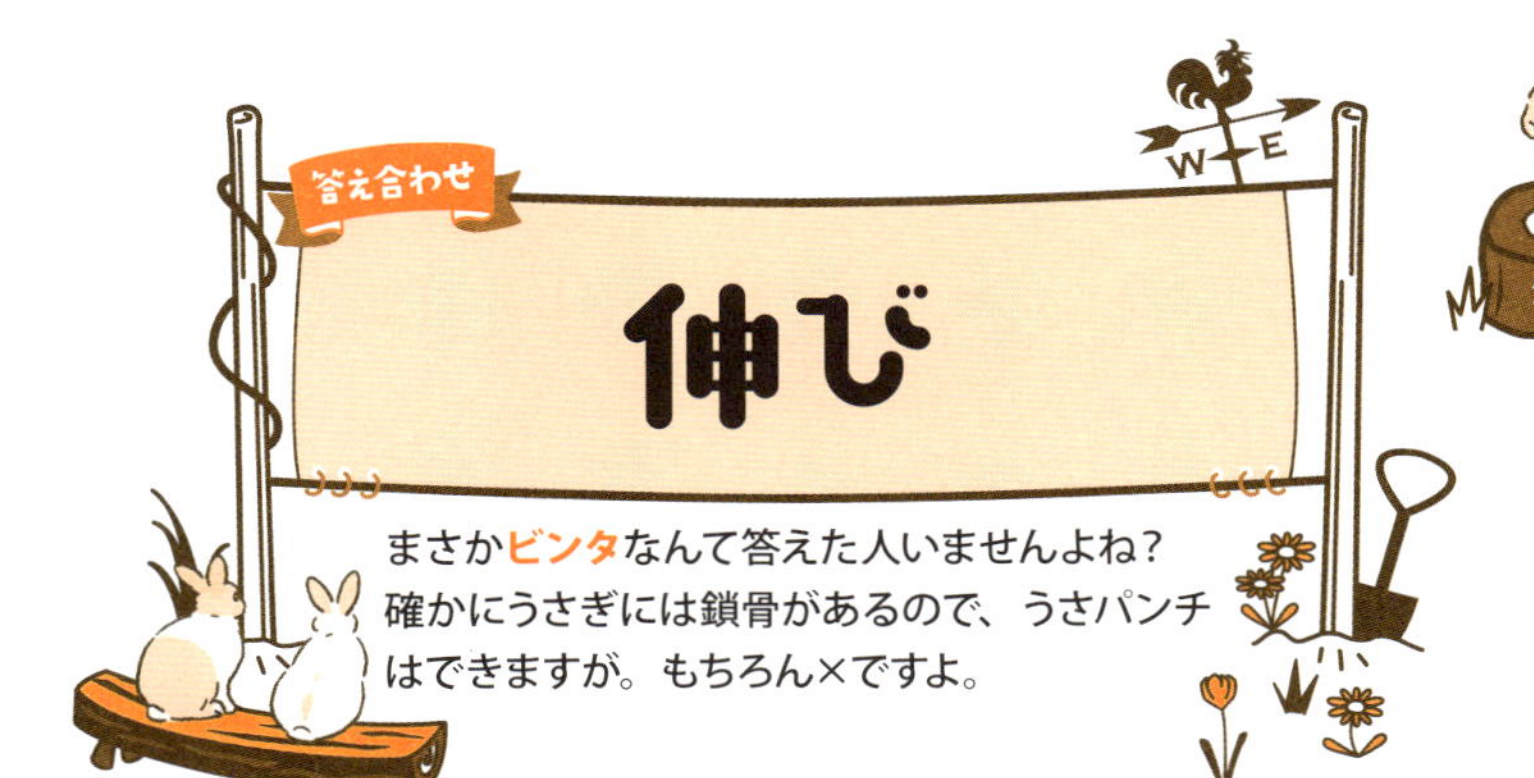

まさか**ビンタ**なんて答えた人いませんよね？確かにうさぎには鎖骨があるので、うさパンチはできますが。もちろん×ですよ。

ケージで寝ていたうさぎを外に出したときなどに、あくびとセットで体を突っ張って伸びをすることがあります。しっかり休んでエネルギーの充電ができ、**動き出す前に伸びをすることで全身に血をめぐらせて、体を動かす準備をしているのです**。

人間がジョギングの前に軽くストレッチをして体をほぐすような感じです。前足を突っ張っておしりを後ろに下げたり、後ろ足をグーっと伸ばしたり、いろいろなストレッチをします。思い切り体を伸ばすと気持ちがいいのはうさぎも人間も同じです。

においフェロモンとお答えの方も、正解です。それらのにおいが出る臭腺のひとつ、あごをこすりつけるが、正解。

8 行動

自分のものに□□をこすりつける

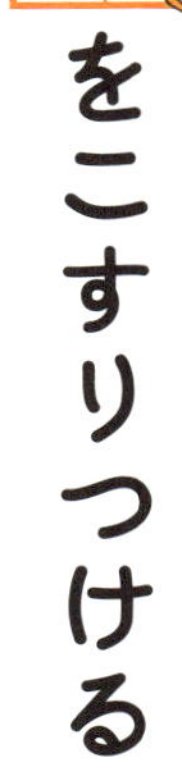

においはうさぎの情報源。なわばりが自分のにおいで満たされていると安心します。

ケージの中はペットのうさぎにとっては自分の巣穴です。ケージの外に出してもらったときに探検する部屋はなわばりと考えているようで、部屋にある家具などにあごをこすりつけてなわばりを主張します。なわばり内（部屋）にいる飼い主さんにもにおいをつけて、所有権を主張することも。「あなたはわたし（ぼく）のもの」なんて、ドキッとしてしまいますが、あくまでもなわばりの一部……らしいです。

9 行動

□□□□を飛ばしてなわばりを主張

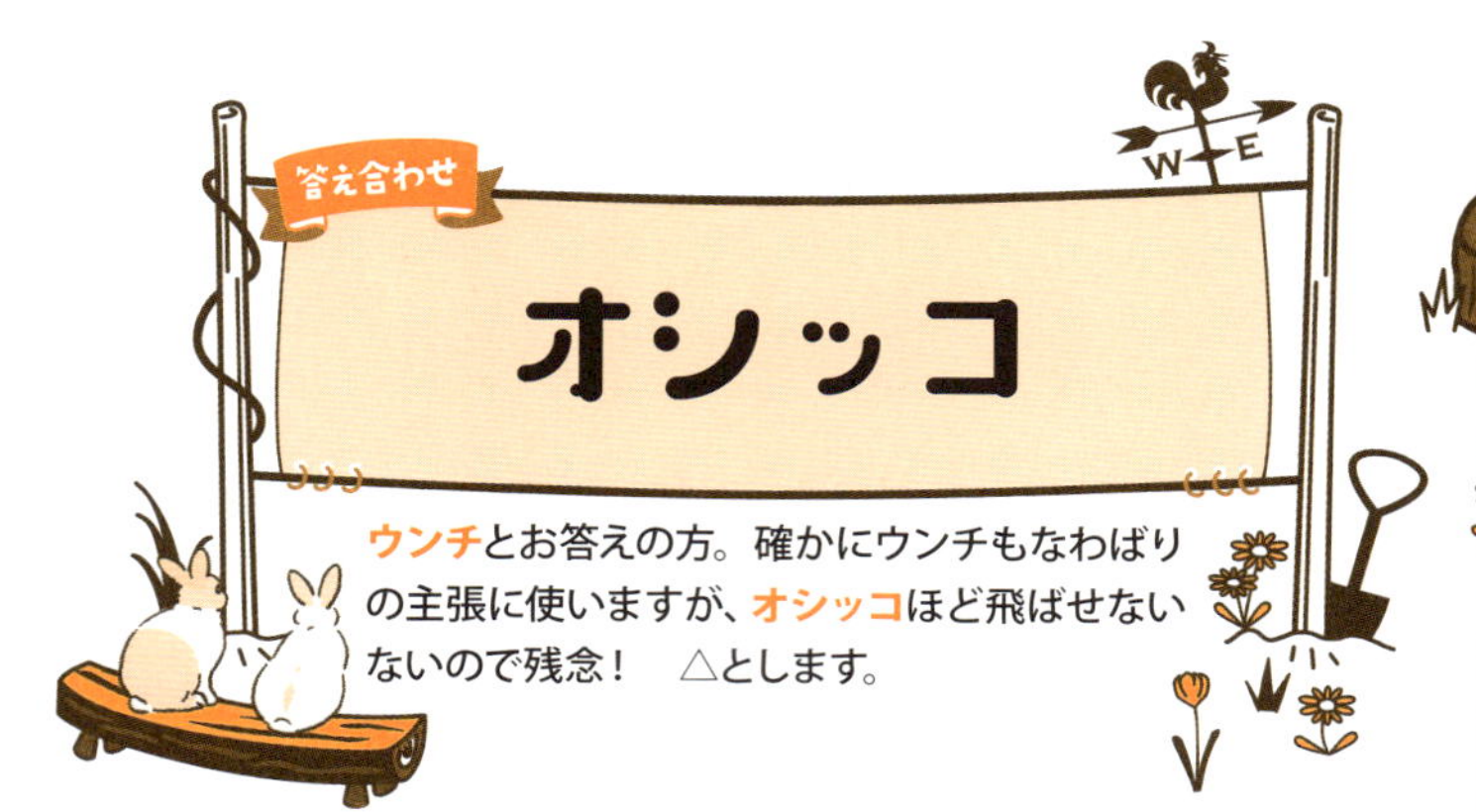

答え合わせ

オシッコ

ウンチとお答えの方。確かにウンチもなわばりの主張に使いますが、**オシッコ**ほど飛ばせないないので残念！　△とします。

うさぎはトイレを1か所に決めて排せつしますが、**なわばり主張のためのスプレーは排せつとは全然別のもの。**

なわばりを広げたいうさぎは、部屋に出されるとより広範囲にオシッコをかけて回ります。多頭飼いだと相手のにおいを消したくて、オシッコ飛ばし合戦になってしまうこともあります。

オスはメスにオシッコをかけて求愛するので、気に入った人間にもオシッコをかけますし、なわばり内の人間にもかけます。また、イヤな相手にもかけることがあるようです。

トイレを使ってくれません

飼い主Bさん

飼育書にあるように、トイレにオシッコのにおいがついたティッシュなどを置いて、教えていますがトイレを覚えてくれません。

使わない理由はいろいろ
トイレの場所を決めるのはうさぎ自身です。

アンゴラ校長

解説

うさぎは決まったところに排せつをするため、トイレを覚えます。しかし、あの容器がトイレだと認識するまでに時間がかかる子がいたり、トイレの置き場所が気に入らなかったり、何らかの理由でトイレを使ってくれない場合もあります。また、なわばりのアピールとして、あちこちでオシッコをしているケースも。

トイレだと認識していない。

牧草入れなど、別の場所をトイレに決めた。

など

たとえば、ケージの外に出したとき部屋のすみでオシッコをするなら、そこにトイレを置いてあげたり、うさぎが決めたところをトイレにしてあげるとうまくいくかもしれません。しかし、性格的におおらかでトイレにこだわらない子もいます。オシッコされて困る場所には入れないようにするなど、おおらかに見守ってあげましょう。

トイレを覚えたのに、ちがうところでする場合

なわばりのアピールもありますが、病気が原因の可能性もあります。オシッコをするとき痛そうにしていたり、いつもと違う様子があれば病院へ行きましょう。

においとお答えの方も正解です。**オシッコ**は、字数が合わないのと「ばらまく」とあるので、△くらいにしときましょうか。

行動 10

□□□をばらまいてマーキング

うさぎの臭腺は3か所（あごの下、生殖器の脇、肛門）にあり、独特のにおい物質や性フェロモンを分泌します。

ウンチには肛門腺のにおいがつけられていて、ほかのうさぎが嗅いだときに相手の性別や繁殖ができるかどうか、群れの中での順位などの情報がそこにつまっています。いわば名刺がわりといったところ。メスのウンチが落ちていると、オスは熱心においを嗅ぎます。

野生ではウンチはなわばりの印として、目につきやすい場所にまとめてしています。

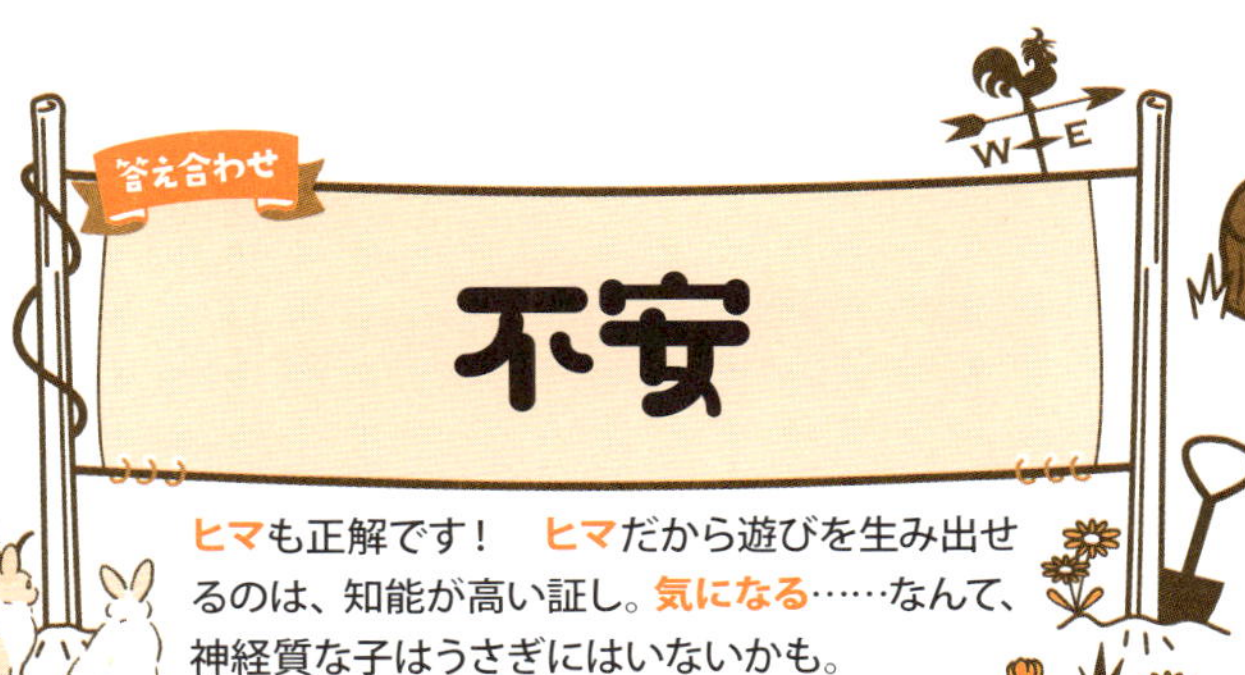

ヒマも正解です！　**ヒマ**だから遊びを生み出せるのは、知能が高い証し。**気になる**……なんて、神経質な子はうさぎにはいないかも。

3時間目

うさぎのきもち

11 行動

敷物を平らにならすのは□□なとき

野生のうさぎの子育ては別居保育（↓44ページ）。母うさぎは授乳の時間だけ子うさぎの巣穴を訪れます。そして、授乳が終わると子うさぎの巣穴の入り口に土をかけて隠します。雨が降りそうなときに、水が入らないように巣穴の入り口をふさぐこともあったようで、その名残りで**敷物を土に見立てて平らにならす行動が見られます**。

敷物をグチャグチャにしては平らにして……と**遊びでやっている子もいますが、不安な気持ちを落ち着けるためにする子もいます**。

12 行動

自由に□□□ことが幸せ

動ける、**暴れる**も正解。**食べる**は、飼い主さんがコントロールしないといけないことなので、×とします。

日中、ケージの中で過ごすうさぎにとって、**ケージの外で自由に体を動かせる時間は何よりうれしさを感じる時間**でしょう。特に若いうさぎは、ケージから出たとたん、部屋の中を走り回るのではないでしょうか。

せっかくすばらしい筋肉を持って生まれてきたうさぎですから、その力を試したいもの。グルグル部屋を周回する子、ジグザグ走って仮想の敵をまく子など、走り方もいろいろとバリエーションがあります。走るよりのんびり散策するのが好きな子も、もちろんいます。

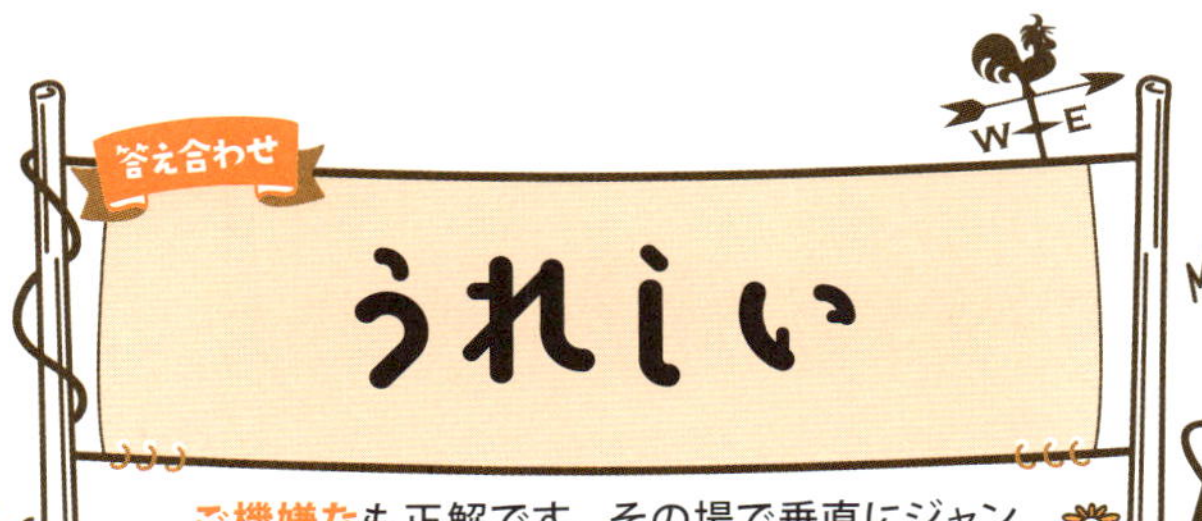

ご機嫌なも正解です。その場で垂直にジャンプしたり、走ってきてジャンプしたりするのは、ご機嫌で**うれしい**ときの行動です。

ジャンプするのは□□□□とき

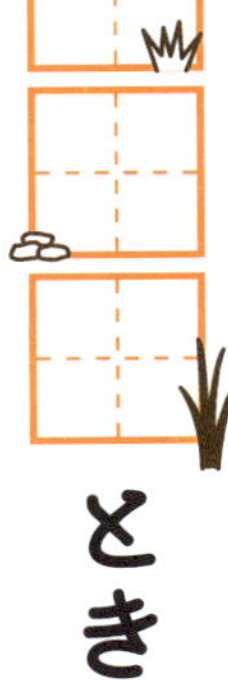

ケージから出て自由になると、ピョーンと真上にジャンプすることがあります。何かに驚いて飛び上がったのかしら？　と心配になってしまいますが、これは**うさぎが最上級にご機嫌なときのサインです**。

ジャンプにもいろいろなスタイルがあって、跳び上がって体をひねったり、跳び上がって頭を左右に振ったり、いろいろなアレンジが見られます。

こんな風に全身で喜びを表すなんてかわいいものですが、ケガがないようケージの外は片づけておいてあげましょう。

14 行動

くつろぐときと□□□□□ときに隠れる

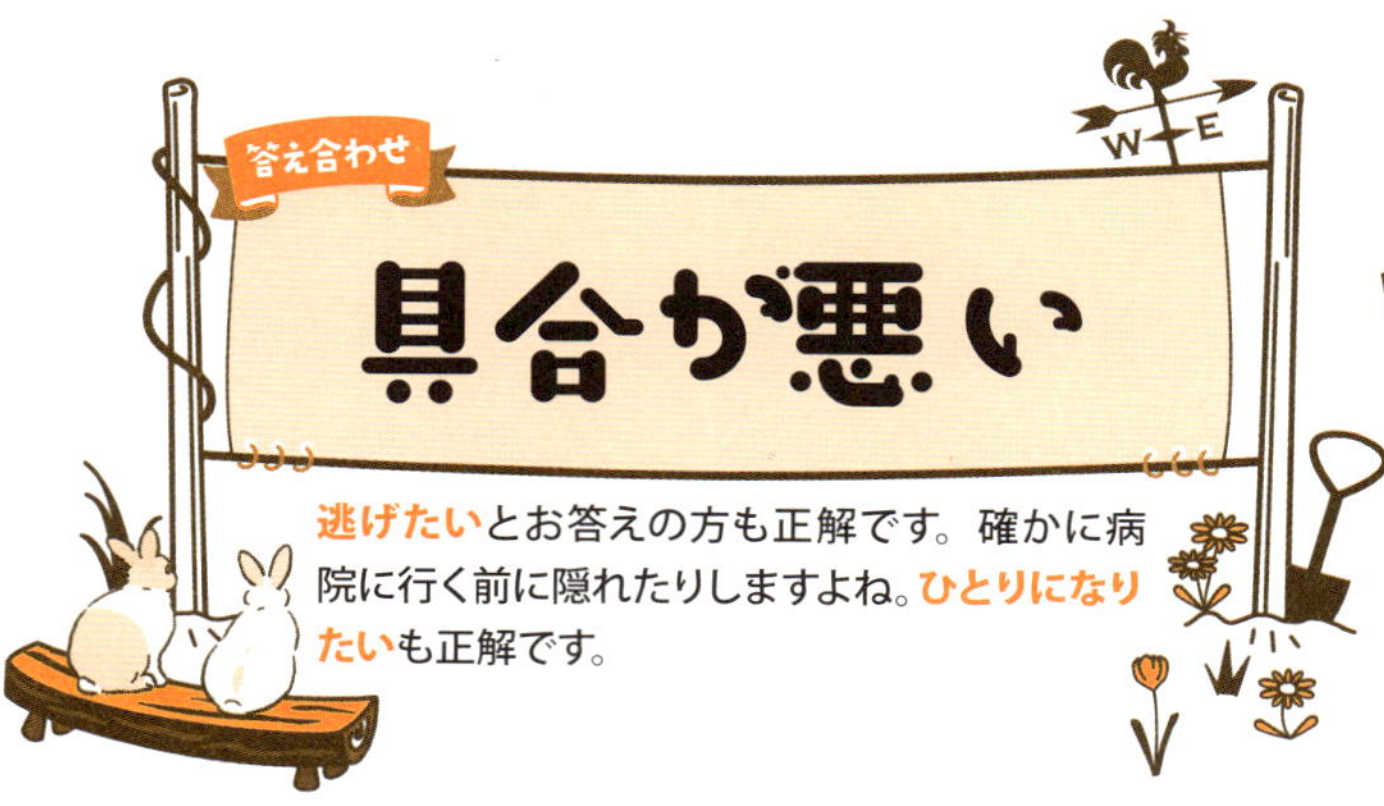

逃げたいとお答えの方も正解です。確かに病院に行く前に隠れたりしますよね。**ひとりになりたい**も正解です。

ケージの外に出てもずーっと走り回っているばかりではありません。飼い主さんとコミュニケーションをとったり、くつろいだりもします。

くつろぐときに、**カーテンの裏や家具のすき間などに隠れることがありますが、ちょっとひとりになってのんびりしたい気分なのでしょう**。そんなときはそっとしておいてあげてください。

ただし、**どこか具合が悪いのを気づかれないように隠れている場合もあります**。食欲などをチェックして、必要なら病院へ行きましょう。

具合の悪さを隠す理由

飼い主Cさん

うさぎは、なぜ具合の悪さを隠すのでしょうか？

うさぎには「健康」や「病気」といった概念はないので、「何とかしなきゃ」とは思わないかも。

アンゴラ校長

解説

人間には、「健康」や「病気」といった概念があるので、具合が悪ければ助けを求めたり、病院へ行ったり、「何とかしよう」と思います。しかし、うさぎにはそういった概念はなく、いよいよ動けなくなるまでは、平然と行動してしまうもの。きっと野生では、具合が悪くてジッとしていれば、すぐに敵に捕まってしまったことでしょう。猫やハムスターや、ほかの動物も同じですが、動物は言葉を持たないので、飼い主さんが具合の悪さを察してあげてください。

Re:
具合の悪さに気づくためには、日々の健康観察が大切（→ 184 ページ）。わかりづらいかもしれませんが、ぜひ愛兎の観察マスターになってください。

うさお先生

15

行動

うたっちして、□□の情報をキャッチ

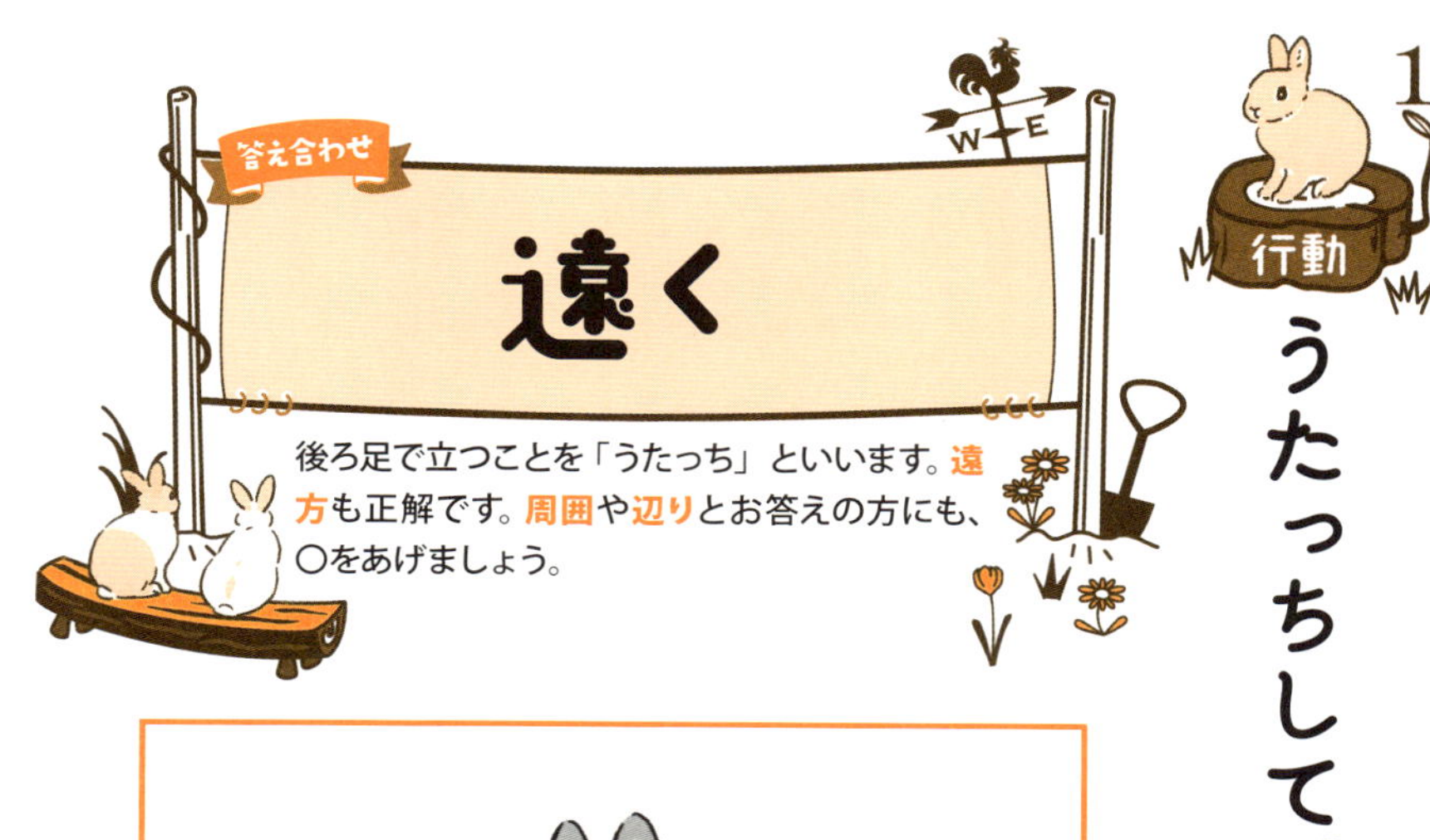

遠く

後ろ足で立つことを「うたっち」といいます。**遠方**も正解です。**周囲**や**辺り**とお答えの方にも、〇をあげましょう。

野生では数匹で草を食べているとき、ときどき食べることをやめて、後ろ足で立ち上がって敵が接近していないか確認します。その頻度は、周囲に仲間のうさぎが大勢いれば少なくてすみ、少なければ多くなります。

ペットのうさぎも、同じように**後ろ足で立って遠くの音やにおいを確認します**。うたっちをよくする子は、警戒心や好奇心が強いのかもしれません。また、**好物を目の前に差し出されたり、飼い主さんの注意を引きたいときなどにも、後ろ足で立つことがあります**。

性成熟を迎えると

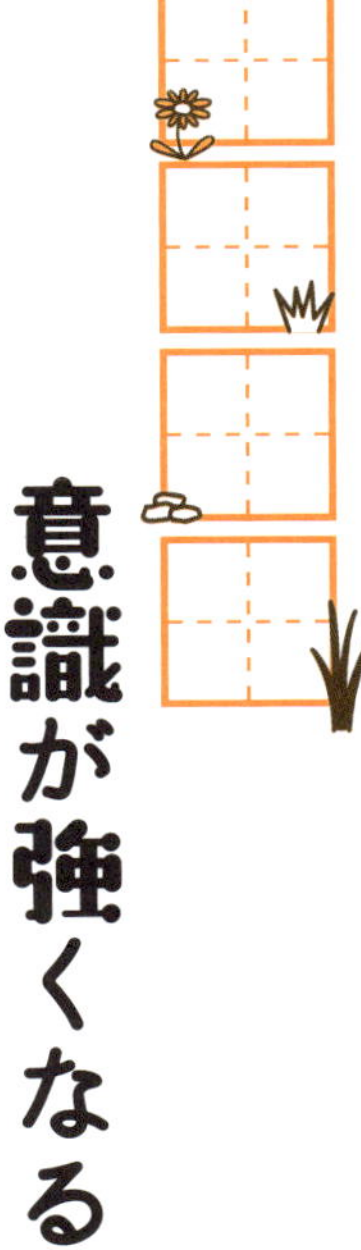

意識が強くなる

答え合わせ

なわばり

オレさま意識とお答えの方は△。反抗するのは**自意識**のせいではありませんよ。**なわばり**を守りたい意識がそうさせるのです。

基本的にうさぎは、性の欲求が強い動物です。それは、多くの動物から狙われる立場であることから、種をなるべく残したいという気持ちを強く持つため。性成熟を迎え繁殖ができるお年頃になると、性への思いは強くなり、その分なわばりへのこだわりも強くなっていきます。

なわばりを広げるためにあちこちにスプレーをして回ったり（→118ページ）、なわばりに侵入してきた人間に攻撃したり。人間からすると困った行動が多くなるかもしれませんが、困らせたいわけではありません。

17

行動

逃げるために後ろ足で□□□することがある

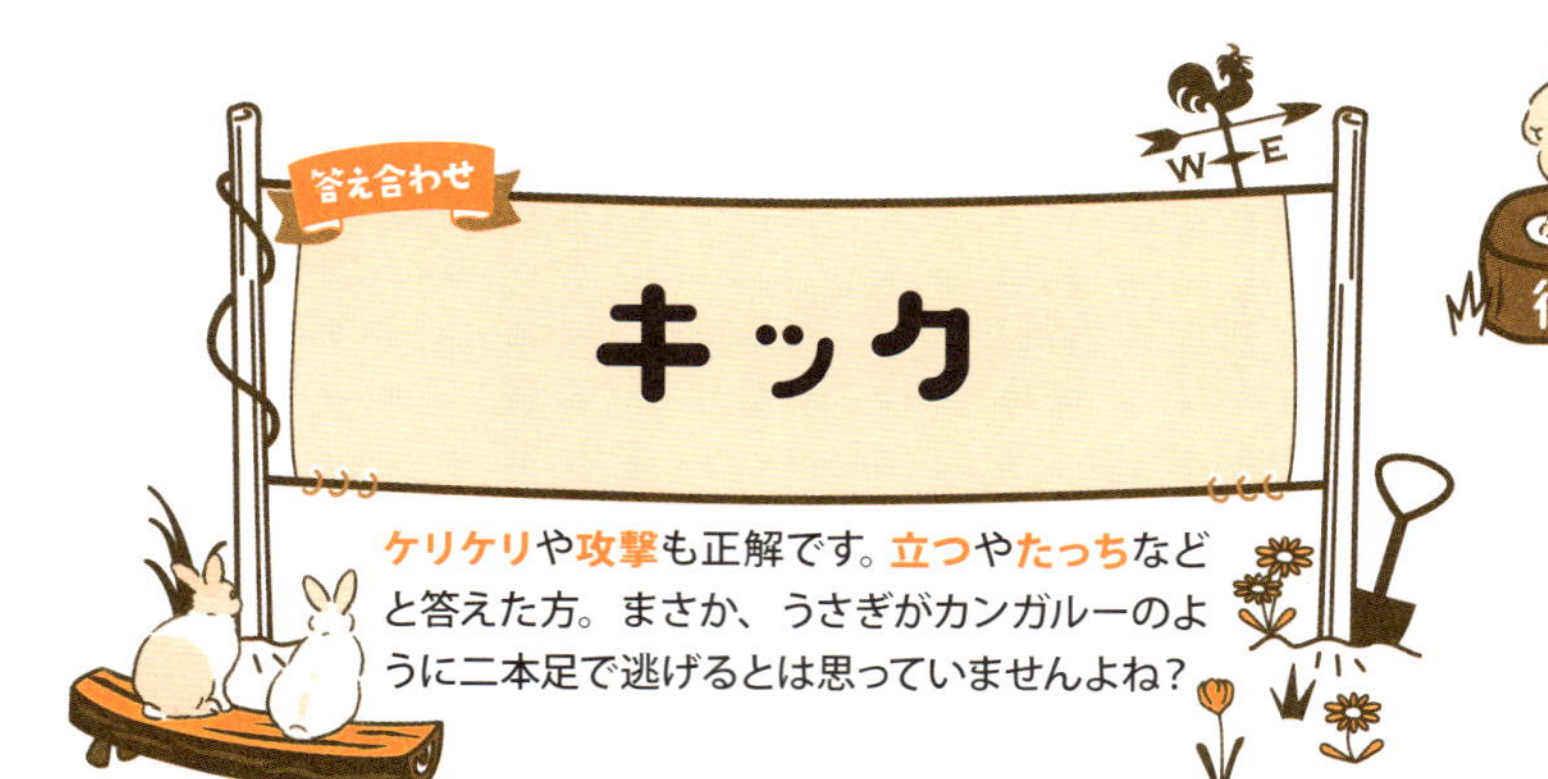

ケリケリや攻撃も正解です。立つやたっちなどと答えた方。まさか、うさぎがカンガルーのように二本足で逃げるとは思っていませんよね？

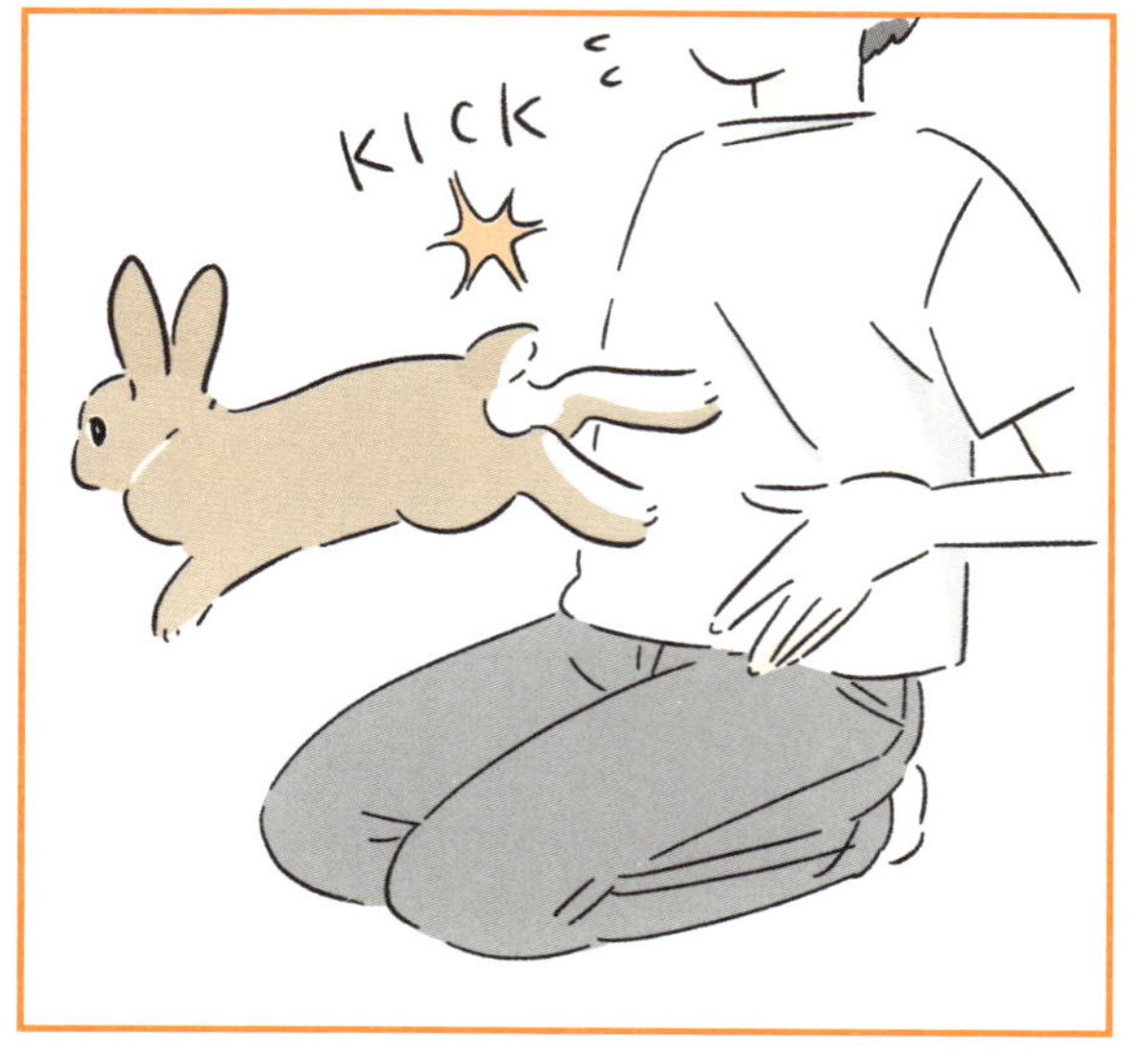

うさぎは攻撃する術をもたず、敵から逃げることで我が身を守っているのですが、本当に捕まりそうになったときには決死の反撃に転ずることがあります。攻撃手段は、歯で噛みついたり、筋肉が発達した後ろ足で相手にキックをくらわせたり。後ろ足にはするどい爪が生えていて、蹴ると同時に、スナップを利かせてするどい爪で相手を引っかきます。敵はひどい傷を負うことになります。

人間相手でも、抱っこをやめてほしくて思い切り蹴りを食らわせてくることが……。

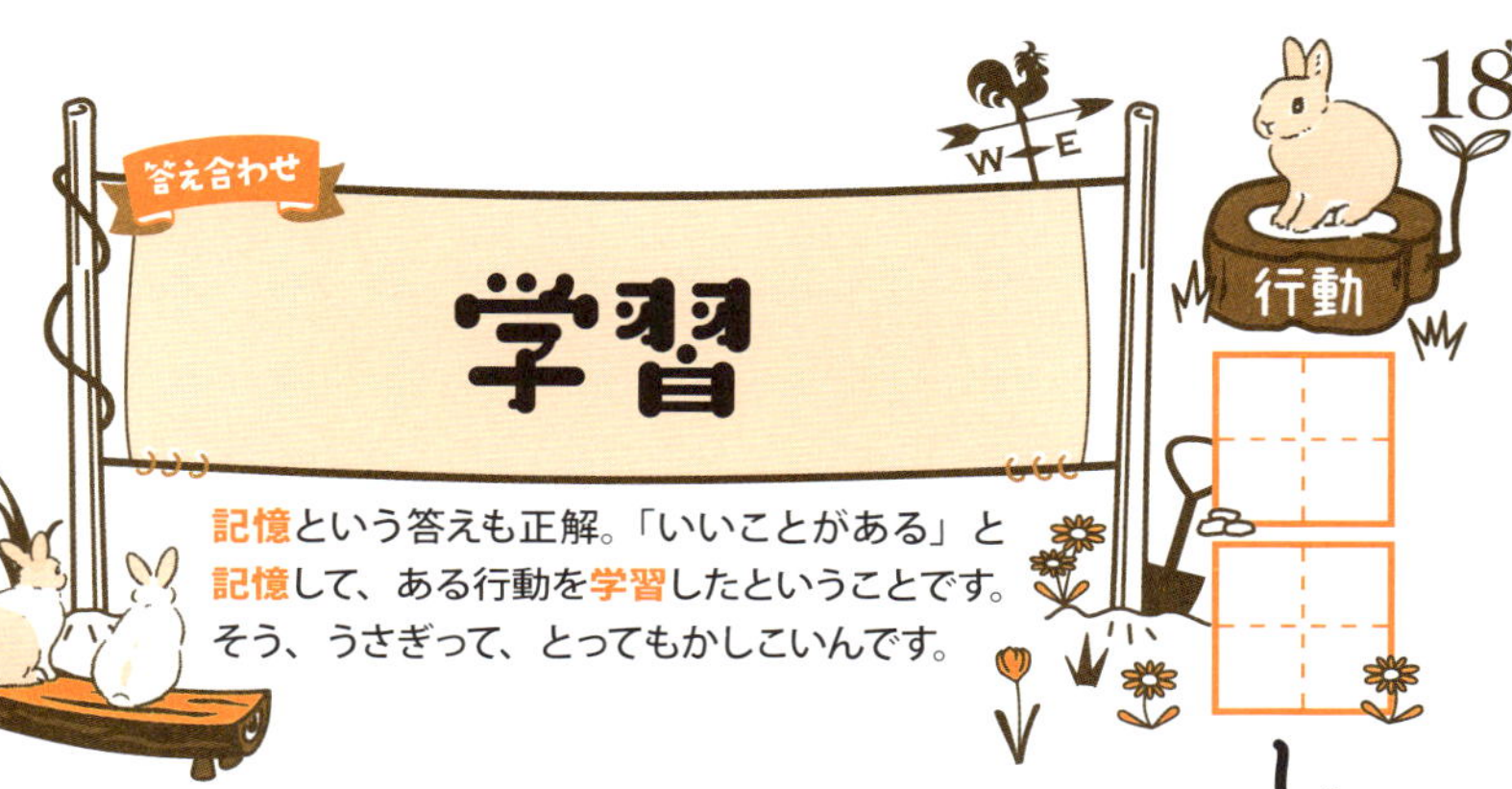

記憶という答えも正解。「いいことがある」と記憶して、ある行動を学習したということです。そう、うさぎって、とってもかしこいんです。

行動 した行動はやめない

学習とは、うさぎが人間を観察することで、「こうするといいことが起こる」と理解して、うさぎの本能にはない行動をくり返すようになること。

たとえば、あるときごはん皿を投げたら、飼い主さんが「ごはんがほしいの？」と何かおいしいものをくれたとします。うさぎにとっては得があったので、学習してその後もお皿を投げて好物を催促するようになるかもしれません。一度学習した行動は、簡単にはやめません。してほしくない行動は学習させないのが、一番の対策です。

ものを投げるのは□□の一種

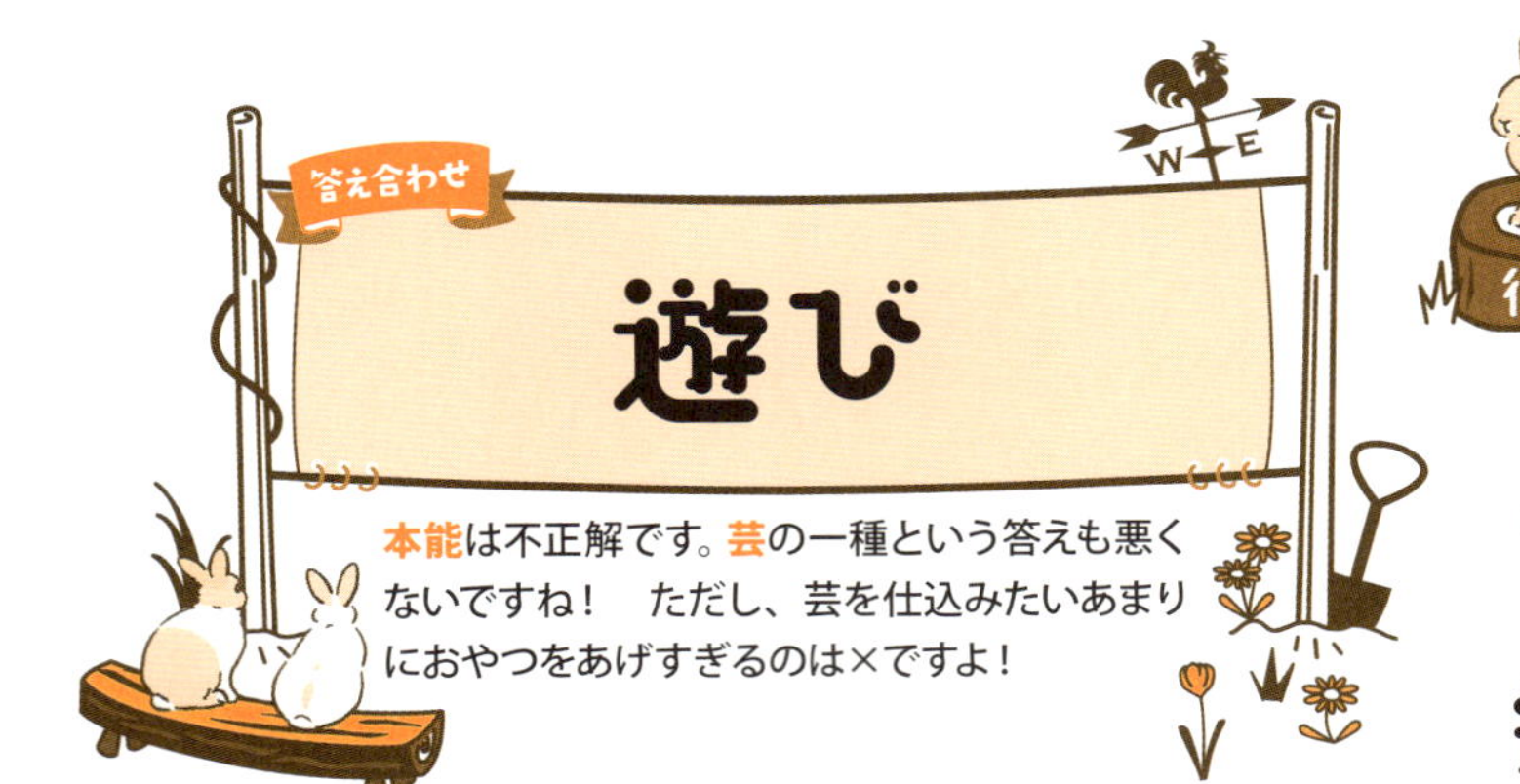

本能は不正解です。**芸**の一種という答えも悪くないですね！　ただし、芸を仕込みたいあまりにおやつをあげすぎるのは×ですよ！

子どもをくわえて運ぶという行動はありますが、**もともとうさぎにはくわえて投げるという行動はありません**でした。けれど、ペットのうさぎの中には、お皿を投げたり、力持ちでトイレを投げるなんてうさぎもいます。

最初は、**邪魔だったから投げたとか、たまたまやってみたら面白かったとかという理由だったと考えられます**。それが、お皿を投げると音がして、飼い主さんも注目してくれるため、「こうすると注意が引ける」と学習すると、くり返すようになることも。

学習させてしまった?

飼い主Eさん

ケージをかじる行動をやめさせたくて、かじったら外に出すようにしていたら、私の姿を見るたびにケージをかじるように……。

アンゴラ校長

ケージをかじれないように対策し、かじっていないときにほめてあげましょう。

解説

ケージをかじっていると歯が心配で、つい声をかけてしまうことと思います。そうすると、「ケージをかじれば、飼い主さんが注目する」とうさぎが学習してしまうことに。一度いいことがあると覚えた行動は、しつこくくり返されます。ケージかじりは、かじっているときには反応しないようにして、木でできたフェンスなどをケージに取り付けて物理的にできないようにしましょう。

Re:　してほしくない行動には反応せず、ケージをかじらないでいたときとか、いい子にしていたら声をかけてほしいな。牧草をモリモリ食べているときとか。

ロッピー

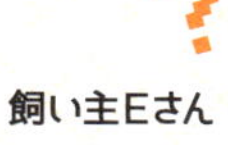

20 行動

足ダンするときは□□□□中

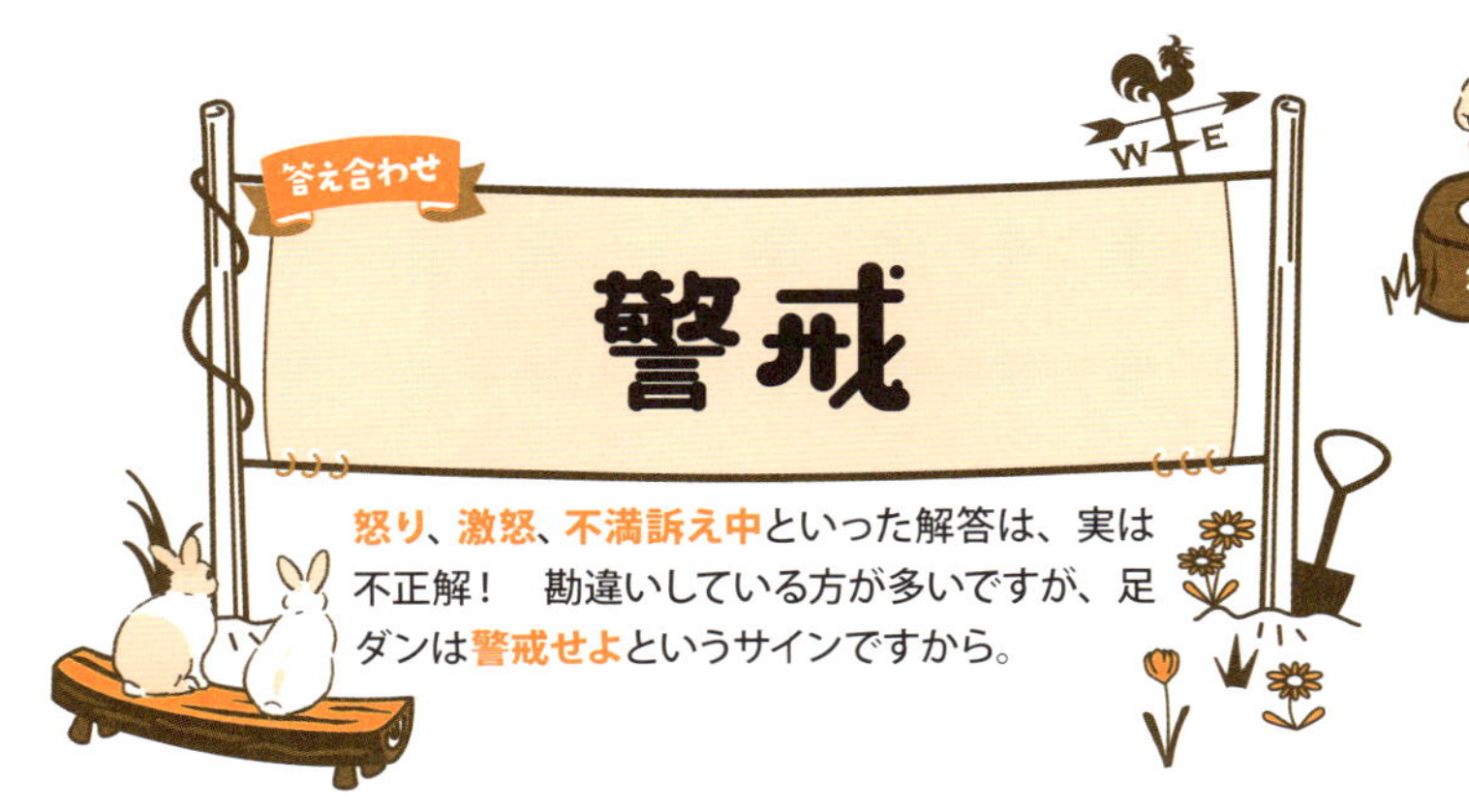

怒り、**激怒**、**不満訴え中**といった解答は、実は不正解！　勘違いしている方が多いですが、足ダンは**警戒せよ**というサインですから。

巣穴の外にいるうさぎが何か違和感を覚えると、後ろ足で地面をダンダン叩きます。**この音を聞いたほかのうさぎたちは、危険が迫っていることを知り逃げることができます**。地中の巣穴の中の仲間にも足ダンの振動は伝わります。

家の中のうさぎも、知らない人が来たときや聞きなれない音がしたときなどに足ダンをします。「怒っているのかな?」と心配になる飼い主さんもいますが、**違和感や不快感があると無意識にしてしまうもの**なので、気にしなくて大丈夫です。

HOSYU JYUGYO
もっと知りたい
補習授業
うさぎの警戒信号
足ダンやしっぽ立てで、仲間に危険を知らせるうさぎ。
仲間思いなんだな〜なんて思っていませんか……？
アンゴラ校長

アナウサギは、巣穴を出て草を食べているとき、いつもと違う音やにおいに危険を感じ取ると、くつのような大きな後ろ足で地面をダンダンと蹴ります。この音は地面の下にも響き、巣穴の仲間に警戒を促します。

また、しっぽの裏の白を見せて走る仲間を見れば、ほかのうさぎは危険を察し巣穴へ逃げます。どちらも仲間に対する警戒信号で、仲間の力を借りることで1匹でいるより安全に過ごせます。

ただし、それらの警戒信号を発するうさぎ自身は「仲間を助けよう」という気持ちからするわけではなく、違和感や不快感で無意識にしているのです。自分自身は、必死で逃げているだけだったりするのですが、結果それが仲間を救うことにつながるというわけ。

うさぎという種を守るための知恵なんですね。

21 行動

目につくものは何でも

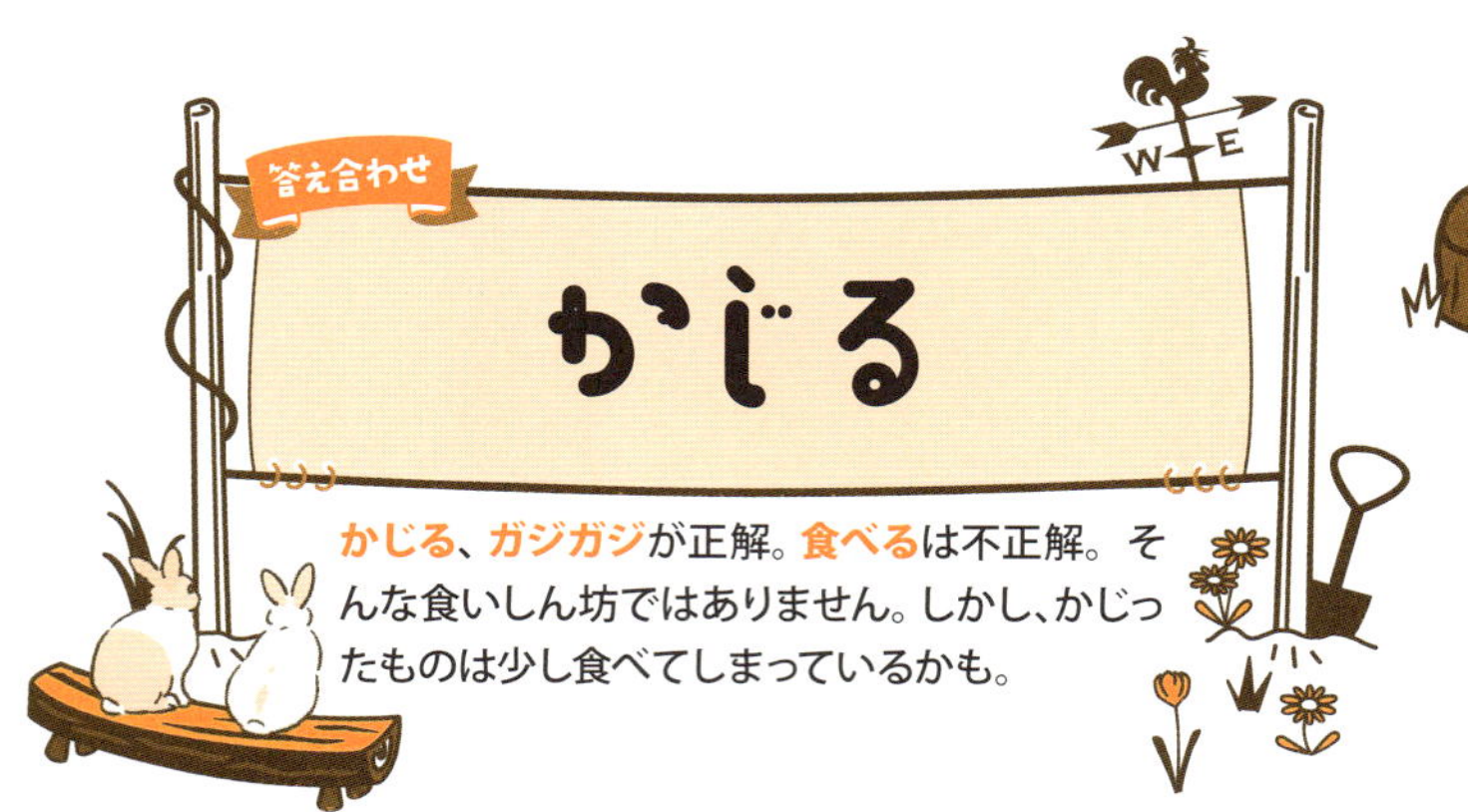

かじる、**ガジガジ**が正解。**食べる**は不正解。そんな食いしん坊ではありません。しかし、かじったものは少し食べてしまっているかも。

食通のうさぎは、野生では数ある植物の中からおいしいもの、栄養のあるものを選んで食べています。毒やトゲがある植物、おいしくないものには口をつけません。

食べていいもの、いけないものはわかっているはずで、家の中にあるものが食べ物ではないことはわかっています。**それでもガジガジかじらずにいられないのが、うさぎの本能**。かじったものは多少は体内に入ってしまうので、危険なものやかじられて困るものはうさぎが届かないところに隠しましょう。

22 行動

ケージをかじるのは□□があるから

用、**願望**、**お願い**なども正解です。飼い主さんに**言いたいこと**があって呼んでいることが多いですが、反応しないほうがよいでしょう。

ケージをかじっているときに「かじったらダメよ」などと慌ててやめさせようとすると、飼い主さんが来て「ケージをかじると、飼い主さんが来る」と**学習してしまいくり返すようになる**ことも。外に出たいのかと思って出してあげたり、おやつをあげたりするのも、同様にその行動を学習させてしまっています。

固いケージをかじり続けると歯が悪くなるのではと心配して思わず反応してしまうかもしれませんが、**かじっている間は無視します**。柵から離れたら声をかけてあげましょう。

行動 23

床や座布団など、何でも□□□□たい

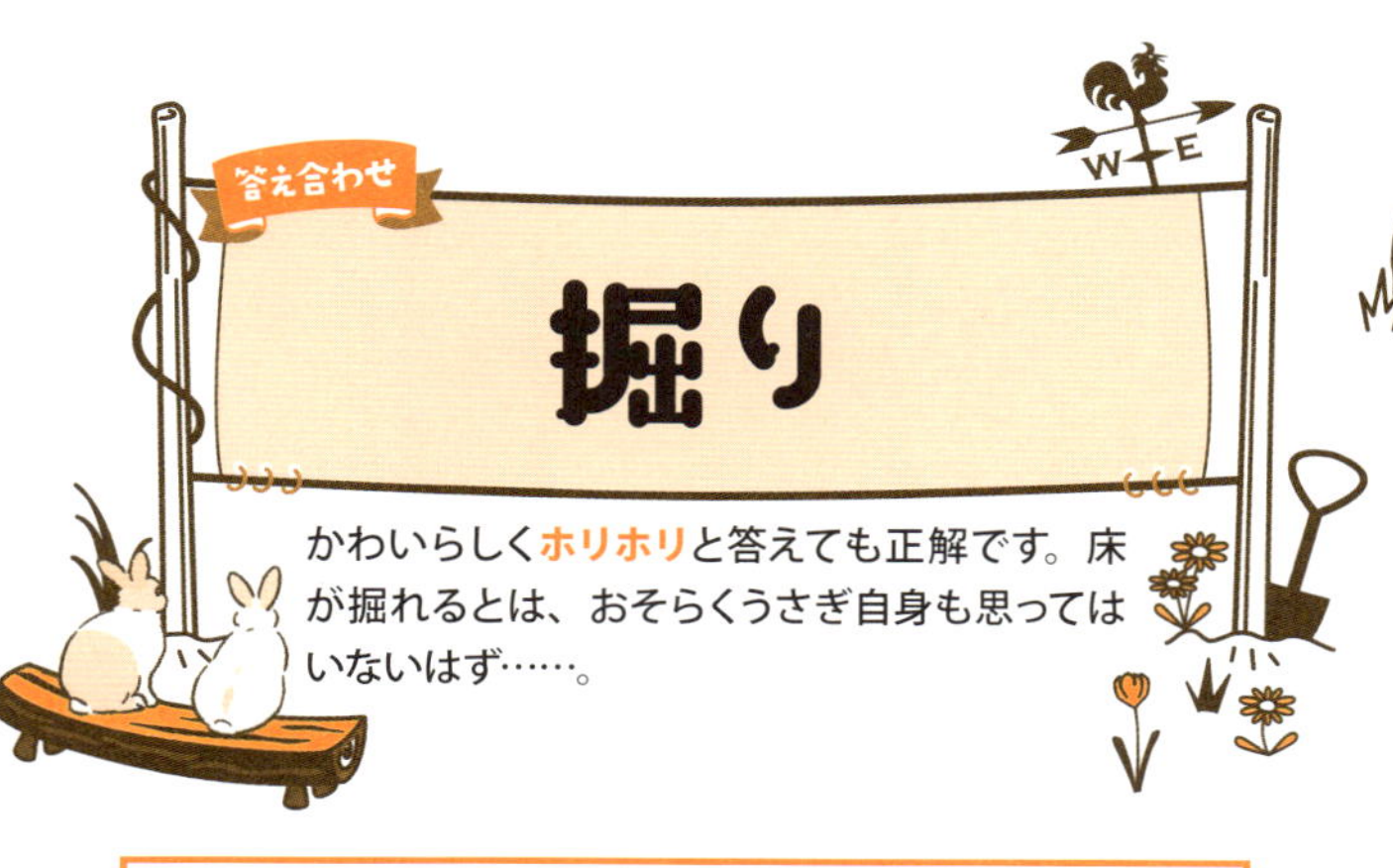

かわいらしく**ホリホリ**と答えても正解です。床が掘れるとは、おそらくうさぎ自身も思ってはいないはず……。

家にはケージがあるので巣穴を掘る必要はないのですが、突然スイッチが入って床をホリホリし始めることがあります。**実際に掘れなくても、「掘りたい」という本能の赴くまま掘る行動をするだけで満足**なのです。

掘りたくなるきっかけはうさぎによって異なり、やわらかい布団に乗った、ほかのうさぎのにおいがしたなどいろいろです。やめさせることはできないので、掘ってもいいものを存分にホリホリさせてあげましょう。ブラッシング中に飼い主さんのヒザを掘るのは、「やめて」という意味のよう。

うさぎ4コマ
行動編
3
時間目
うさぎのきもち
どや顔
ポイ
ぱく
ドヤァ
ひょい
ドヤァ
リフォーム
ガジガジ
ベリベリ
ホリホリ
廃墟風
インテリア

課題4

「飼い主さんへの態度から きもちを読み取ろう」

うちの子のタイプを理解して接することができれば、
コミュニケーションもばっちり取れますよ！

アンゴラ校長

うちの子のタイプ診断

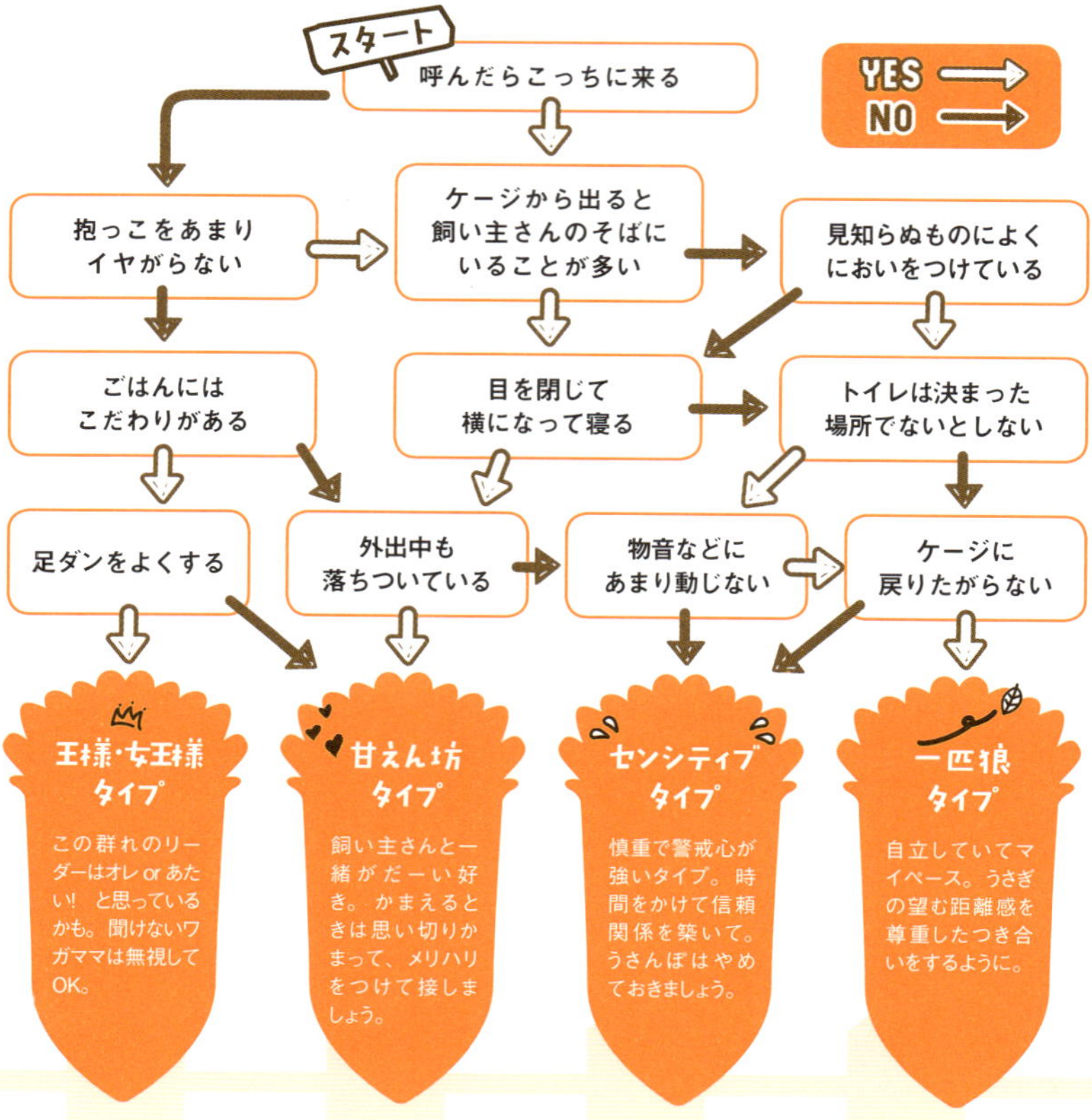

YES ⇨
NO ➡

スタート
呼んだらこっちに来る

抱っこをあまりイヤがらない

ケージから出ると飼い主さんのそばにいることが多い

見知らぬものによくにおいをつけている

ごはんにはこだわりがある

目を閉じて横になって寝る

トイレは決まった場所でないとしない

足ダンをよくする

外出中も落ちついている

物音などにあまり動じない

ケージに戻りたがらない

王様・女王様タイプ
この群れのリーダーはオレ or あたい！ と思っているかも。聞けないワガママは無視してOK。

甘えん坊タイプ
飼い主さんと一緒がだーい好き。かまえるときは思い切りかまって、メリハリをつけて接しましょう。

センシティブタイプ
慎重で警戒心が強いタイプ。時間をかけて信頼関係を築いて。うさんぽはやめておきましょう。

一匹狼タイプ
自立していてマイペース。うさぎの望む距離感を尊重したつき合いをするように。

対飼い主 1

自己主張するのは□□しているから

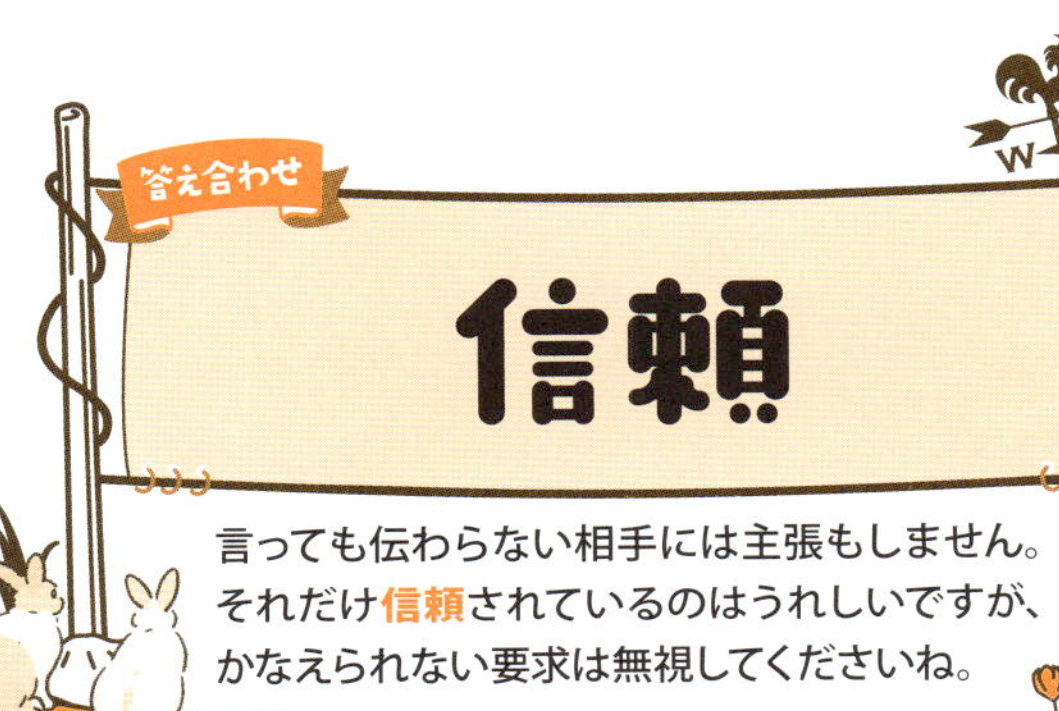

言っても伝わらない相手には主張もしません。それだけ**信頼**されているのはうれしいですが、かなえられない要求は無視してくださいね。

3時間目 うさぎのきもち

「出たい！」「ごはん！」という欲求を、お皿を投げたり、ケージ内で暴れたり、**それぞれのやり方で主張してきます**。「今忙しいんだけど……」というときでもおかまいなし、しつこく主張されると「うちの子はワガママだ」なんて思ってしまうかもしれません。

だけど、うさぎからすれば、飼い主さんがそこにいて要求があるなら100％の力で伝えようとして当然。また、要求するということは、**自分の気持ちを理解してくれる相手だと信頼している**ということでもあるのです。

2 対飼い主

噛むのは□□を伝えるため

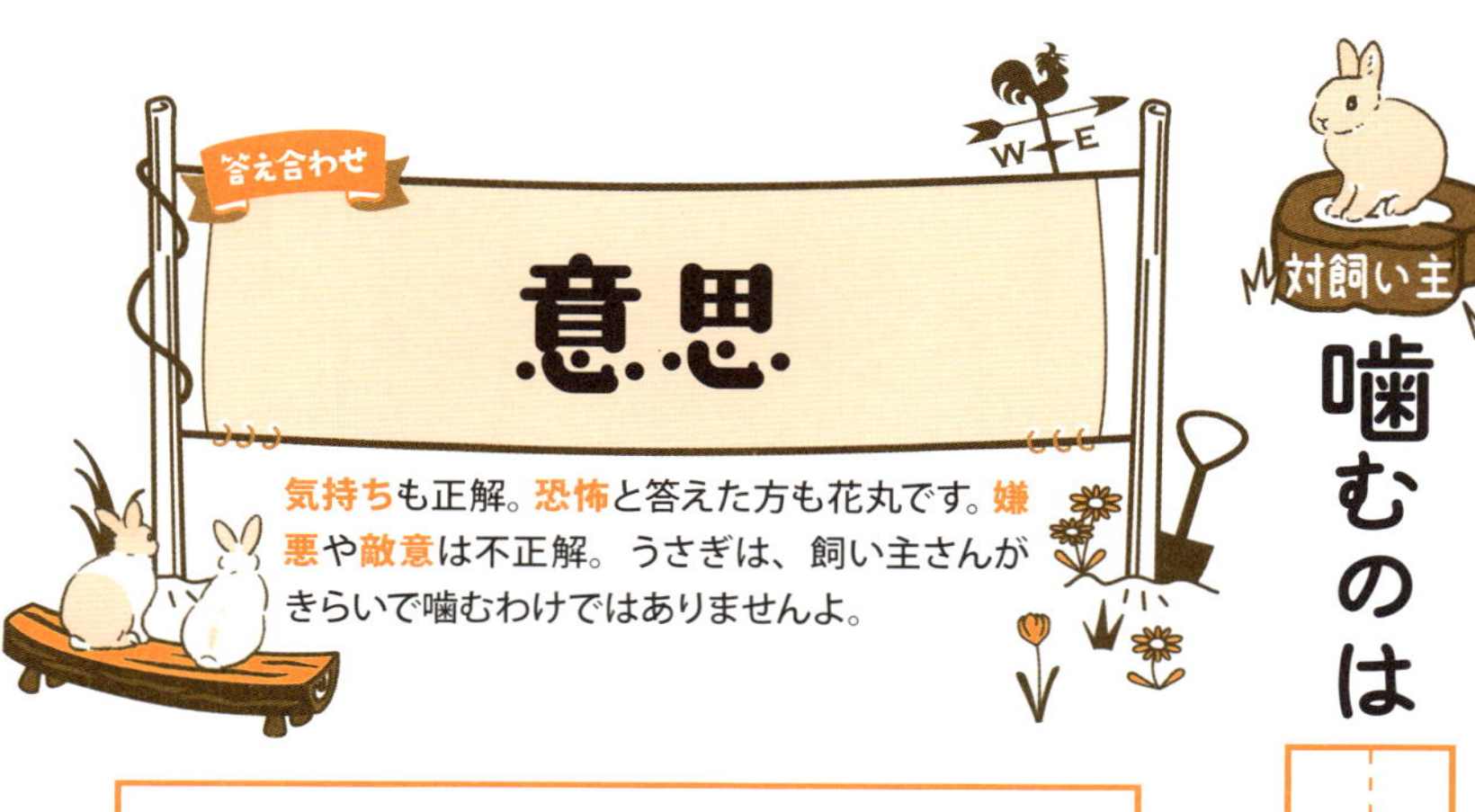

気持ちも正解。恐怖と答えた方も花丸です。嫌悪や敵意は不正解。うさぎは、飼い主さんがきらいで噛むわけではありませんよ。

うさぎは何の理由もなく噛んでくることはありません。ひとつには、発情中でイライラしているせいが考えられます。また、恐怖で噛む場合が多いようです。たとえば、こちらは抱っこしようとして追いかけていたとしても、野生で狙われる立場であったうさぎにとっては捕まる恐怖を感じているということも。そのような恐怖、不快を伝えるために噛むことがあります。

噛まれればケガをするので、怖がっていたり（→100ページ）イライラしているときには手出ししないようにしましょう。

噛まれて困っています

撫でていたら、いきなり手を噛まれました。今までそんなことがなかったので、怖くなってしまって。その後も、手を出そうとすると噛もうとするんです……。

噛めば、手を出されないと学習したせいかも。

解説

うさぎの中には、撫でられるのが好きな子もいれば、あまり好きではない子もいます。おそらくこのうさぎさんは、撫でられるのが好きではなく、ずっと我慢してきたのでしょう。そしてある日、我慢の限界でガブッと。本当は、噛む前に「もうやめて」という合図を飼い主さんに出していたはずです。
そして、噛んだら飼い主さんが手を放してくれたので、「なんだ、やめてほしければ噛めばいいんだ」と学習してしまったのでしょう。今後は、無理に撫でたりせず、うさぎが望んだときだけ撫でるなど接し方を変えたほうがいいでしょう。

Re:　ナデナデが好きではない子は、撫でる以外の方法でコミュニケーションをとりましょう。

アンゴラ校長

3 対飼い主

□□□が鋭く、変化に敏感

答え合わせ

観察力

勘も正解とします。なぜそんなに鋭いのかというと、常に周囲を**観察**しているせい。飼い主さん、見られてますよ（→ 148 ページ）！

健康診断や爪切りなどで病院へ行く日、素知らぬ顔で準備していても、なぜか察知して隠れて出てこなかったり……。うさんぽやほかのお出かけなら逃げたり隠れたりしないのに、なぜ病院だとわかるのか不思議ですよね。病院が苦手な子だと、飼い主さんの準備の様子やちょっとした緊張感などを敏感に感じ取ってしまうよう。

いつもと違うことが命取りだったうさぎたちは、どんなにごまかしても変化には敏感に反応します。うさぎの観察力おそるべし。

対飼い主 4

鼻でツンツンするのは□□□□とき

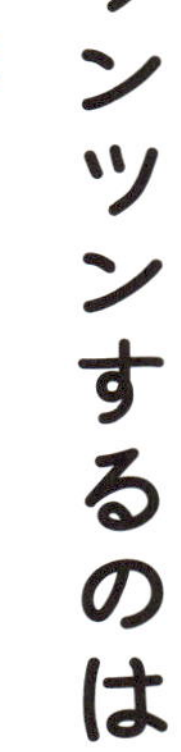

答え合わせ

用がある

邪魔なとお答えの方、自虐的ですが正解です。でも、いつもネガティブな意味とは限りませんよ。**甘えたい**とか**かまってほしい**とか、ね？

人間なら、用があれば「ねえ、ねえ」と声をかけますが、うさぎの鼻ツンもそんな感じです。**鼻でツンツンとつっついて、こちらに注意を向けてと伝えているのです。**

どんな用があるのかは、そのときの状況によって異なります。撫でてほしいとか、かまってほしいというアピールでしてくる子もいれば、ケージの外でへやんぽ中なら、「ちょっとそこ邪魔なんですけど」なんていう場合も。

まずは、「なあに？」と注意を向けてあげて、うさぎのご用に耳を傾けてあげましょう。

5 対飼い主

ほしいと手の下に頭をつっこむ

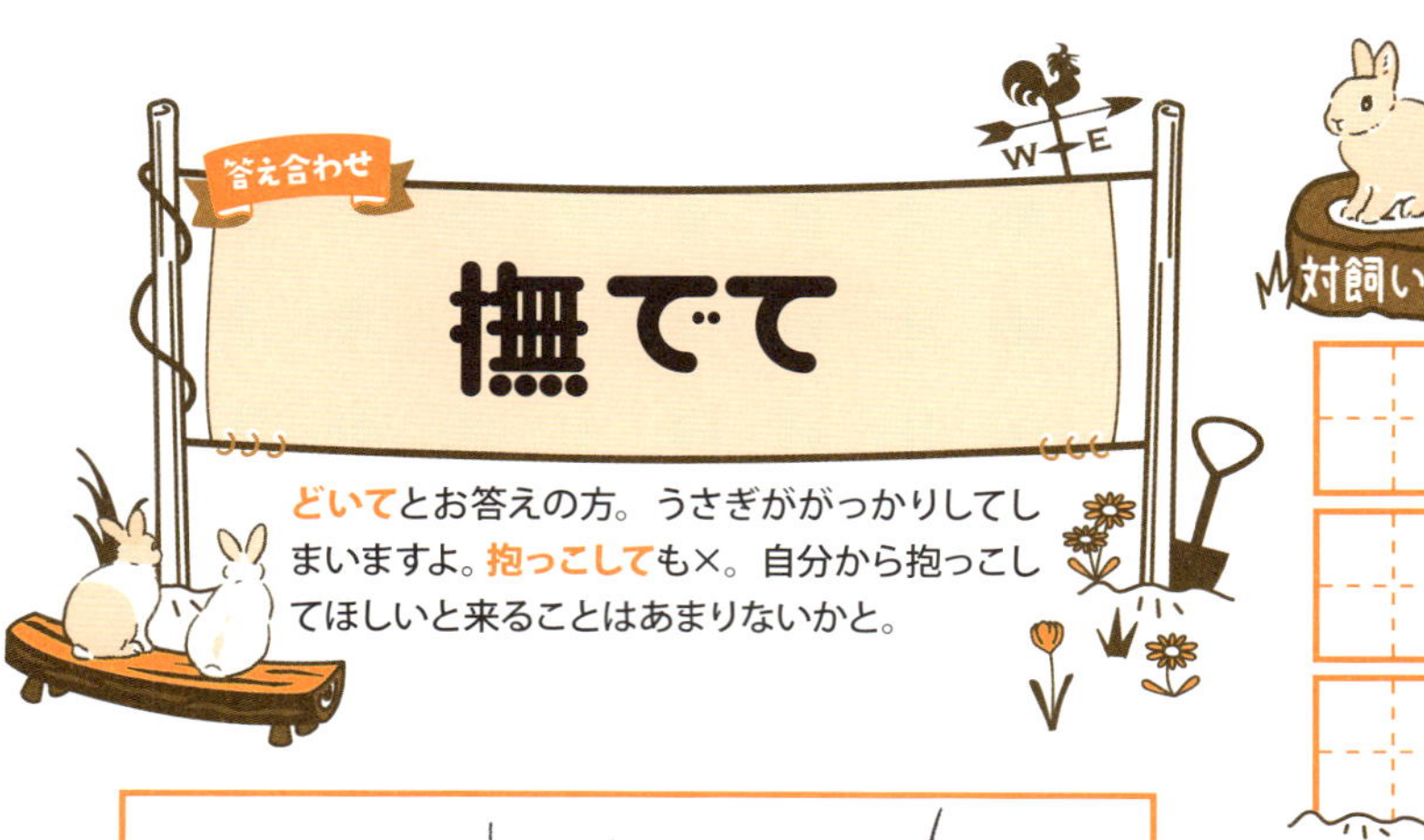

どいてとお答えの方。うさぎががっかりしてしまいますよ。**抱っこして**も×。自分から抱っこしてほしいと来ることはあまりないかと。

うさぎは仲間や夫婦どうしで毛づくろいをすることがあるので、ナデナデされるのが好きな子もいます。そして、**撫でられる気持ちよさを知っていると、うさぎのほうから「撫でて〜」と要求してきます**。

手の下に頭を入れてくるストレートな子もいれば、飼い主さんの近くに来ておじぎをするようにスッと頭を下げて待っている控えめなアピールも。強めに頭突きしてくる子もいます。アピールされたら、片手間ではなくしっかり向き合ってあげると、うさぎも満足してくれます。

撫でられたいは、撫でたら逃げることもあるので△。「うちは撫でても逃げない」という方は○。**甘えたい**も、背を向けている設定なので△。

背を向けてひざに乗るのは□□□□たいとき

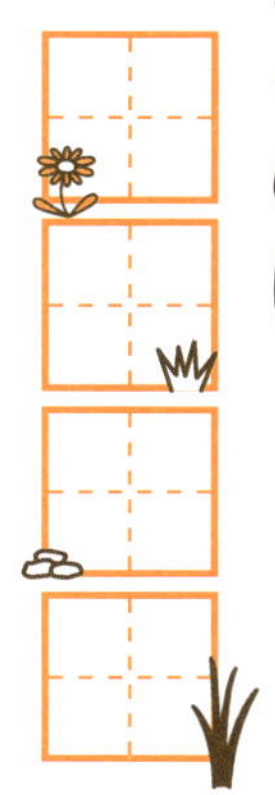

飼い主さんと向き合うように前向きにひざに乗ってくるときは、飼い主さんに用があったり、気になるから近くで確認したかったり、撫でてというアピールのことも。目を合わせてくるならかまってほしいということでしょう。

おしりを向けてひざに乗るのは、眺めがいいからとか、やわらかくて気持ちがいいからとか「甘えたい」わけじゃないかも。

それでも、ひざに乗ってくるのは信頼している証しですから、いっしょにくつろいであげてください。

7

対飼い主

足元をグルグル走って□□表現

答え合わせ

愛情

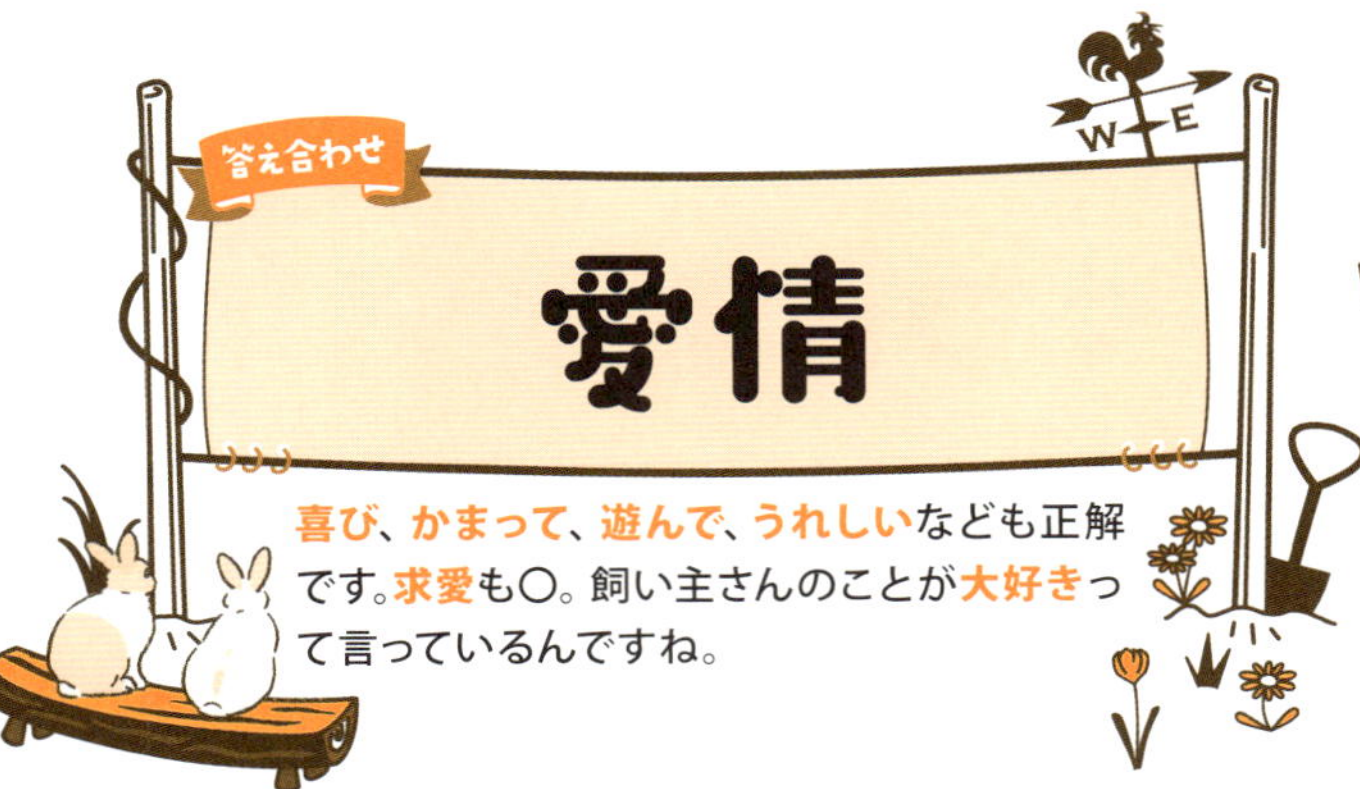

喜び、**かまって**、**遊んで**、**うれしい**なども正解です。**求愛**も○。飼い主さんのことが**大好き**って言っているんですね。

ケージから外に出してあげると、テンションが上がって飼い主さんの足のまわりをグルグル回ったり、足と足の間を8の字に走り回ったりすることがあります。これは、**飼い主さんが帰ってきたことや外に出て自由になったことを喜んでいる**のです。

オスが求愛するときもメスのまわりをグルグルまわるので、**愛情表現でもあります**。ただし、求愛するオスは走り回ったあとでメスにオシッコをひっかけることがあるので、愛情のあまり興奮したうさぎに飛びシッコをくらうことがあるかもしれません。

手を□□□のには、「やめて」という意味も

答え合わせ

なめる

避ける、**かじる**も正解です。これらはわかりやすく「やめて」という意味ですが、**なめる**にはやめての場合と続けての場合があります。

手などをペロペロなめてくるのはかわいらしいのですが、前後の状況でいろいろ意味が違ってくるようです。

こちらがナデナデしたあとで、お返しに毛づくろいをしてくれるようになめてくる子がいます。

一方、しつこく撫でられたり、ブラッシングがイヤで「もうやめてよ～」という意味でなめる子も。また、撫でるのをやめたときに、「もっと撫でて～」という催促をこめてなめてくる子もいるようです。表情や前後の状況を踏まえて、うさぎの気持ちを察しましょう。

9 対飼い主 いつも見てくるのは□□があるから

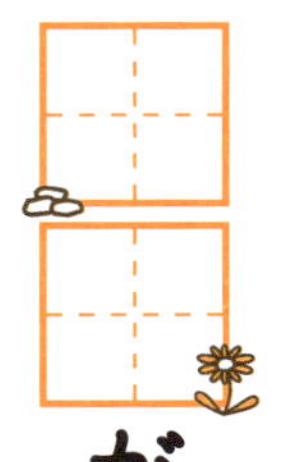

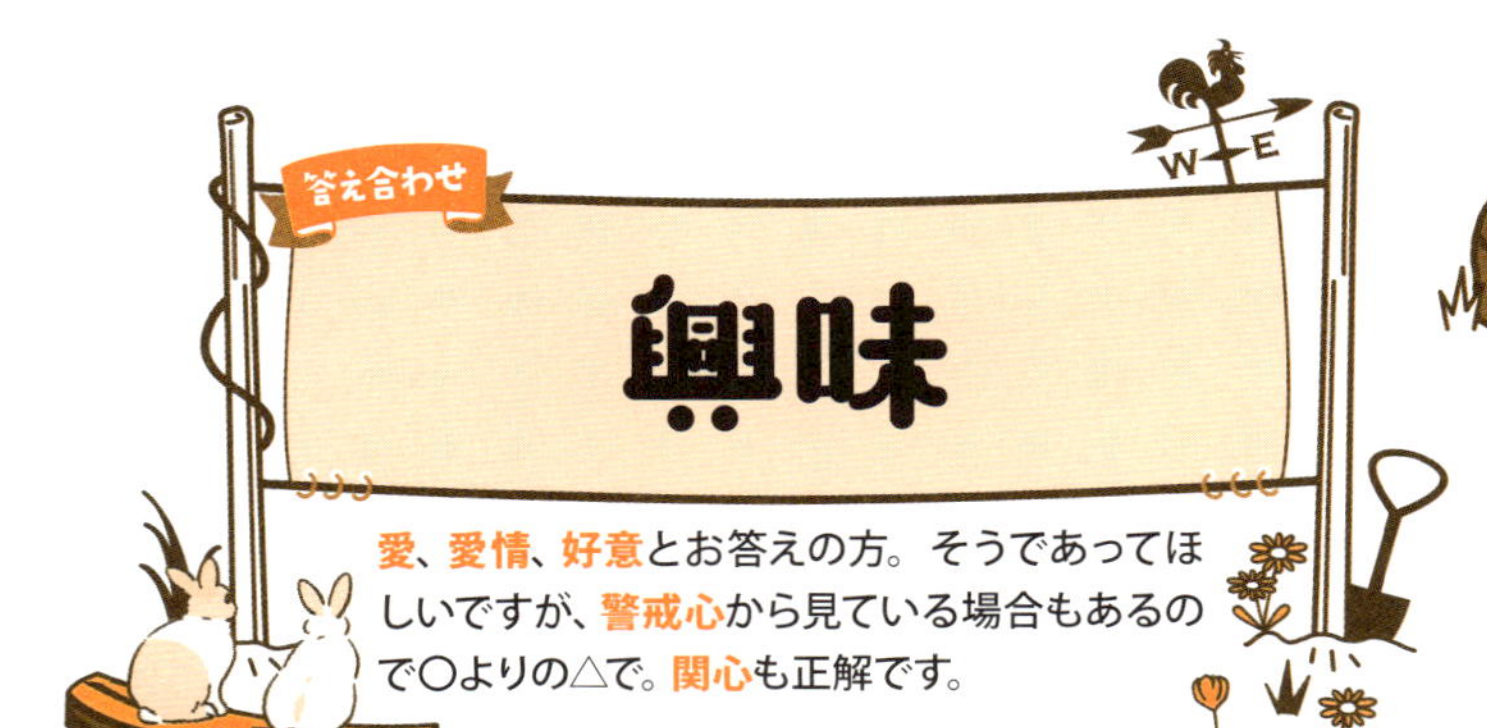

愛、愛情、好意とお答えの方。そうであってほしいですが、警戒心から見ている場合もあるので○よりの△で。関心も正解です。

ふと見ると、いつもケージの向こうからジッと見つめる熱い視線。「そんなに私のことが好きなの〜」とうぬぼれてしまいそうですが、「おやつはいつもらえるの?」「外に出してくれるかな?」という期待をこめて見ているということのよう。

ケージの中は安心だけどちょっと退屈なので、飼い主さんの動向が気になってしまって興味津々で観察しているのです。危険がないか確認しているときもあります。顔がこちらを向いていなくても、横目で常にチェックしていますよ。

うちの子の「うさ語」を見つけよう

「うさ語」とは、うさぎがボディーランゲージで伝えてきたことを、飼い主さんがキャッチし、意思の疎通ができること。うさぎによって伝え方は異なるので、ぜひうちの子の「うさ語」を見つけてあげましょう！

「うさ語」の例

手のひらを出すと、うさぎが顔をのせてくる。そうしたら「撫でて」っていうこと。

スマホを見ていると、頭突きをしてくる。それは「そんなの見てないで遊んで」っていうこと。

「うさ語」を生み出すコツ

コツ1 タイミングが大事！

ケージで休んでいるときや、遊びに夢中になっているときはコミュニケーションを取ろうとしてもうまくいきません。

コツ2 うさぎから近づいてくるのを待つ

目があったらチャンス！　床に寝て視線を低くするなどして、うさぎが近づいてくるのを待ちます。近づいてきてもあわてて手を出さず、うさぎからの働きかけをひたすら待って。

コツ3 いいことがあると思わせる

うさぎから、鼻ツンしてきたり何かサインがあったら、撫でてあげるなど、うさぎにとってうれしいことをしてあげましょう。「こうするといいことがある！」と学習するとうさぎは、その行動をくり返します。

うさぎ4コマ
対飼い主編
同調
もぐもぐ
ポリポリ
スヤー
スヤー
スタスタ
スタスタ
ふむふむ
うさぎドリル
ふむふむ
オレ様
ガブ
ポイ
ポイ
ガブ
なでて

うさぎとくらす 4時間目

うさぎといっしょに暮らすために
知っておいてほしい24問。
うさぎ歴の長い方には
楽勝かもしれませんね。

うさぎによっていろいろです

質問1
病院は
好きですか？
嫌いですか？
サッ
嫌いに
決まってる
でしょ！
知らない人に
押さえつけ
られるし
嫌い
嫌い
ボクの病院は
優しい
看護師さんが
いるから
好き
好き
好き
質問2
抱っこは
好きですか？
嫌いですか？
サッ

4 時間目

うさぎとくらす

1 くらし

抱っこは□□□□と教えてあげる

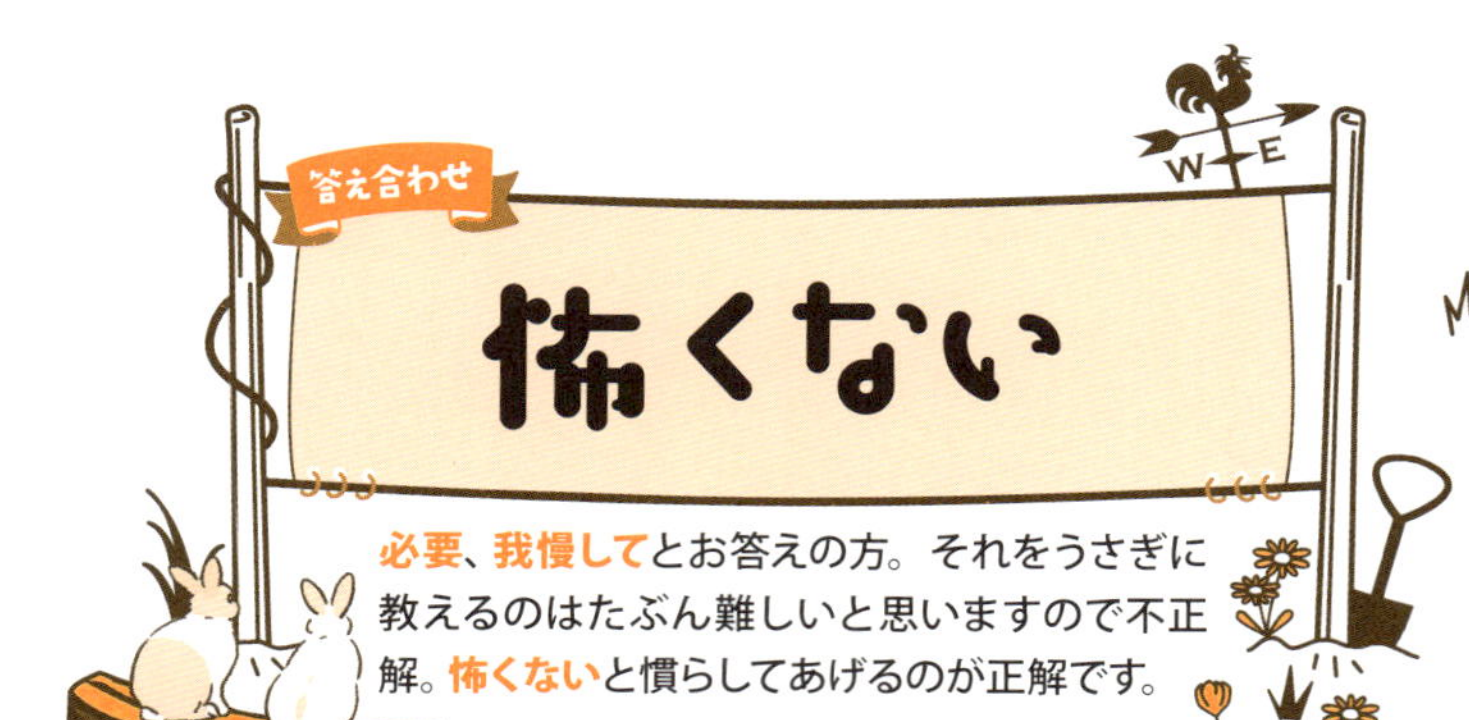

必要、**我慢して**とお答えの方。それをうさぎに教えるのはたぶん難しいと思いますので不正解。**怖くない**と慣らしてあげるのが正解です。

抱っこは、うさぎにとって「怖い」ものです。地面から足が離れるのは、敵に捕まったときくらい非常時のことなので、本能的に「怖い」と思うのです。

それに、体の自由を奪われるのもイヤ。子うさぎのときはポーっとしているので抱っこも簡単ですが、自我が芽生えてくると激しく抵抗されることもあるでしょう。抵抗されてショックを受けた方もいるのでは？

「うさぎは抱っこが嫌いなんだ」ということを肝に銘じて、改めて**抱っこに慣らしていきましょう**（→157ページ）。

2くらし

抱っこの練習は、□□□□以外の場所で

答え合わせ

なわばり

ホームとお答えの方。スポーツ風にホーム&アウェーで考えた場合は正解です。おうちという意味？　そこまでアウェーでなくても……。

抱っこに慣らすときは、ふだんうさぎが入ったことのない部屋で練習をするとすんなり抱っこできたりします。なわばりの中では安心しきっているため、強気で抱っこを断固拒否することもできますが、なわばりではない場所だとそうはいきません。慣れない場所でにおいを嗅いだり周囲に注意が向いているすきに、抱っこをしてみましょう。

抱っこと同じように苦手な爪切りやブラッシングもなわばり以外の場所だとできたりします。少しかわいそうな気もしますけどお試しあれ。

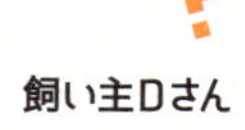

抱っこができません

飼い主Dさん

赤ちゃんのときは抱っこができたのに、1歳を過ぎたころから、抱っこしようとすると噛もうとしたり足ダンしたり、激しく抵抗されます。

「抱っこ怖い」という主張を受け止めたうえで練習しましょう。

アンゴラ校長

解説

安心してください。抱っこが好きなうさぎはあまりいないので、抵抗されるのがふつうです。それでも、お世話するのに必要なので、抱っこはできたほうがいいでしょう。大丈夫です。うさぎはかしこい動物なので、抱っこは怖くないものだと理解すれば、信頼する飼い主さんなら抵抗感なく抱っこさせてくれるようにはなります。

Re:
人間にとっては愛情表現でも、うさぎにとっては自由を奪われて苦痛な場合が多いよ。抱っこは必要なときだけにしてもらえるとありがたいかな〜。

アネゴ

抱っこの練習をするときのポイント

ポイント1
座って抱っこする

うさぎの骨は折れやすいので、高いところで抱っこをして落としてしまうと大変。抱っこをするときには、座って低い位置で。

ポイント2
ビクビクしない

飼い主さんが、「抱っこできるかな～」「暴れたらどうしよう」と不安に思うと、抱っこされるうさぎにも伝わってしまい、余計に怖がられます。自信をもって抱っこをしましょう。

ポイント3
おしりをしっかりとささえる

おしりをしっかりと持って、後ろ足が安定するように抱っこします。後ろ足が不安定だと蹴られたり、変に暴れて骨折したりする恐れがあります。

ポイント4
ケージから出すときに抱っこをする

ケージから出るには飼い主さんの手が必要だと理解すれば、抱っこも許してくれるように。

ポイント5
いつの間にか……を利用する

撫でられるのが好きな子は、撫でてあげて落ちついてきたら、おしりをささえつつひざに乗せ、いつの間にか抱っこされている状態に。

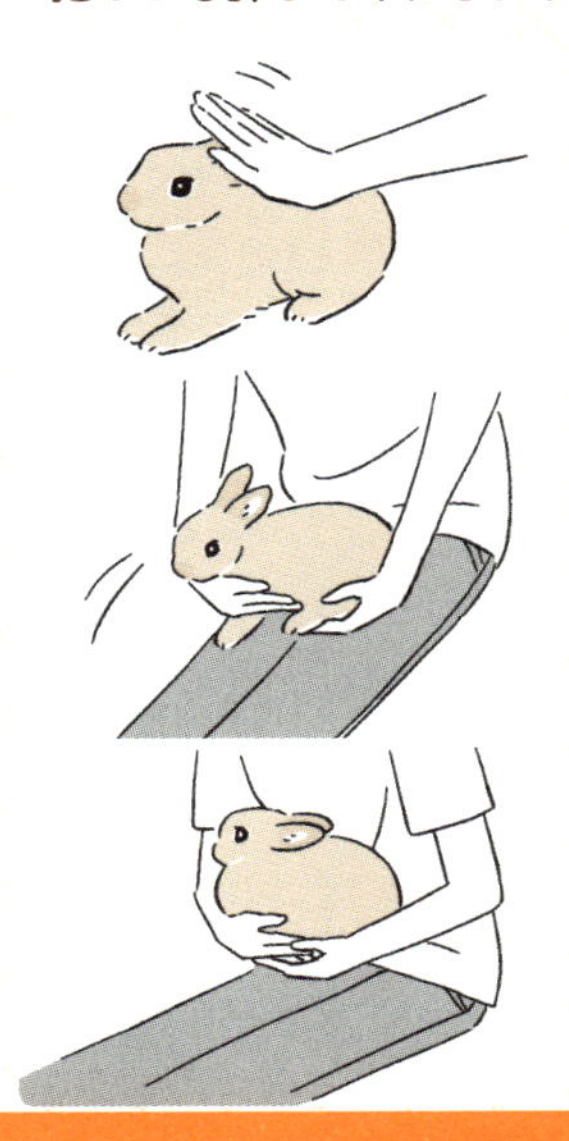

見知らぬ場所が□□□□な子もいる

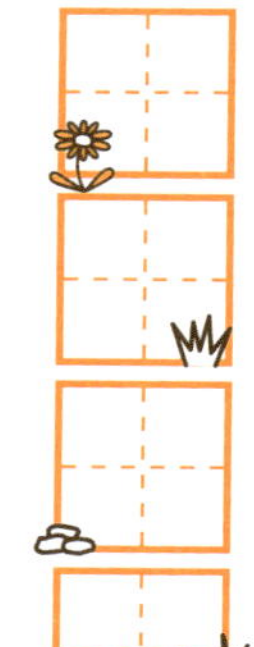

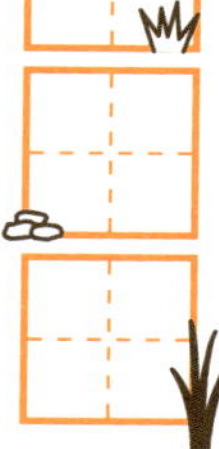

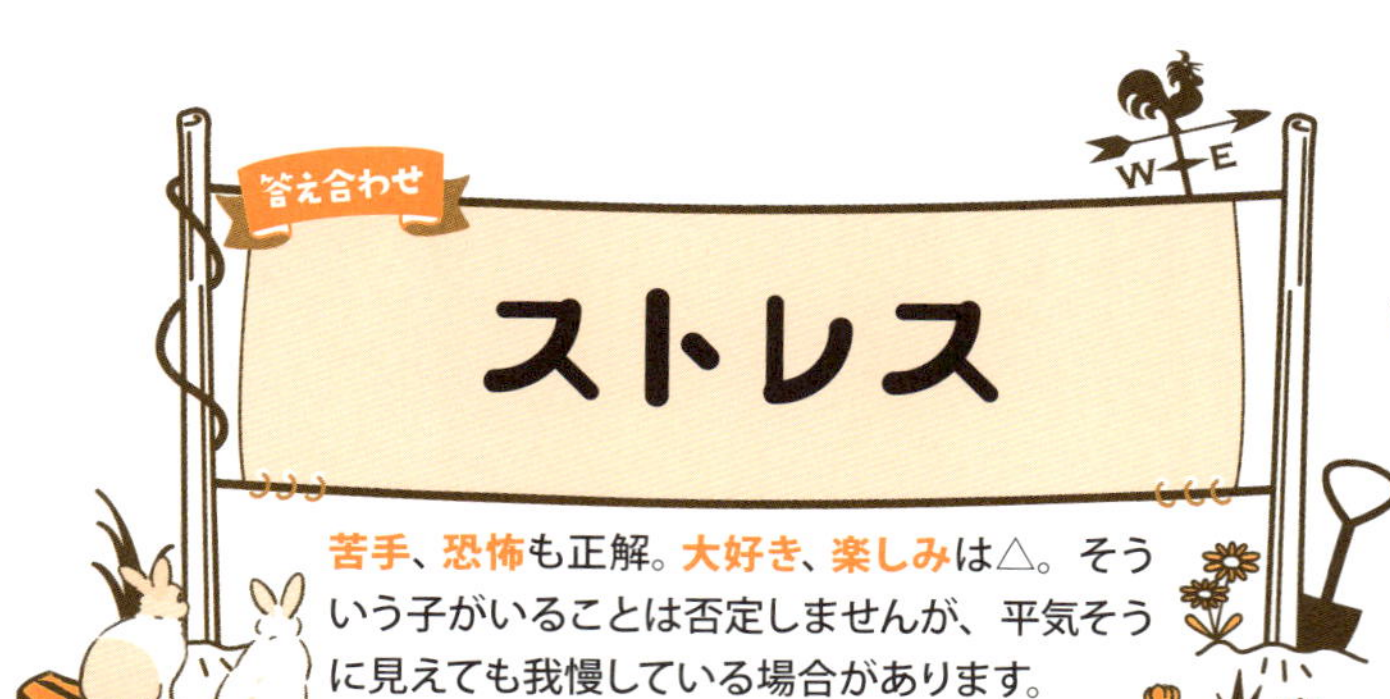

苦手、恐怖も正解。大好き、楽しみは△。そういう子がいることは否定しませんが、平気そうに見えても我慢している場合があります。

自分のなわばりの中で、いつもと同じようにすごすことがうさぎにとっては安心できて幸せなこと。ほかのなわばりを冒険するアナウサギがいるように、好奇心旺盛になわばり以外の場所に出かけていきたい子もいますが、そうではない子にとっては、見知らぬ場所に出かけるのはストレスです。

病院は必要なので我慢して慣れてもらうしかありませんが、屋外を散歩させる「うさんぽ」やうさぎを連れてのオフ会は、自分のうさぎの性格を考えて慎重に判断しましょう。

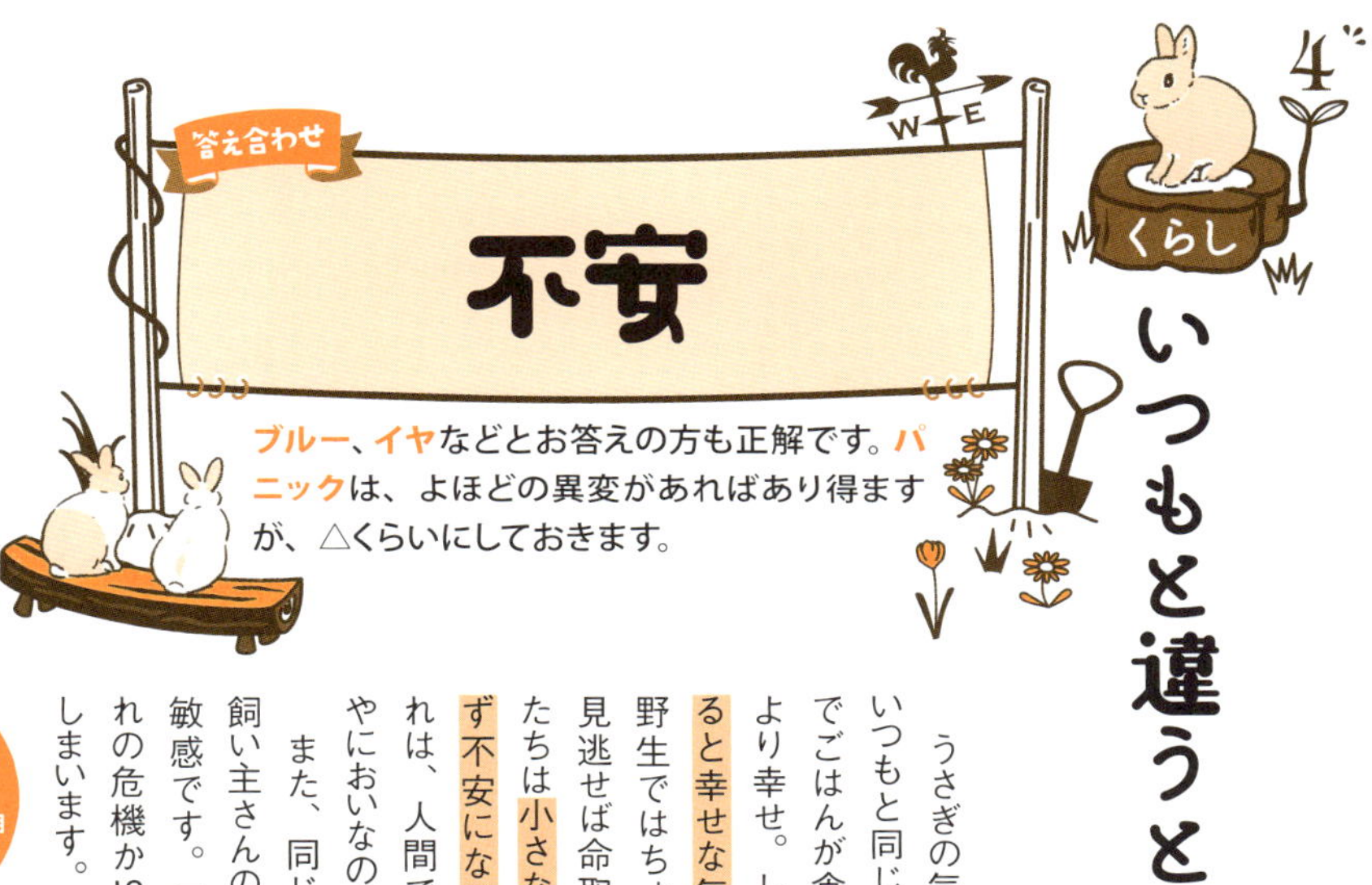

ブルー、イヤなどとお答えの方も正解です。パニックは、よほどの異変があればあり得ますが、△くらいにしておきます。

いつもと違うと□□になる

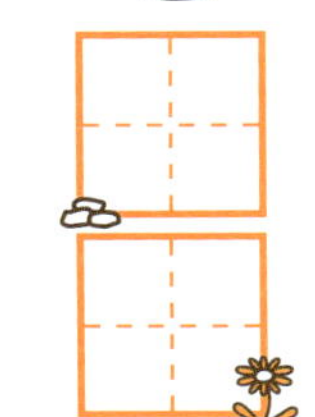

うさぎの気持ちはシンプルで、いつもと同じように群れが平和でごはんが食べられることが何より幸せ。しかし、異変が起こると幸せな気分は一変します。野生ではちょっとした変化でも見逃せば命取りなので、うさぎたちは小さな変化でも見過ごせず不安になってしまいます。それは、人間では気にならない音やにおいなのかもしれません。

また、同じ群れの仲間である飼い主さんの気持ちの変化にも敏感です。元気がないと、「群れの危機か!?」と不安になってしまいます。

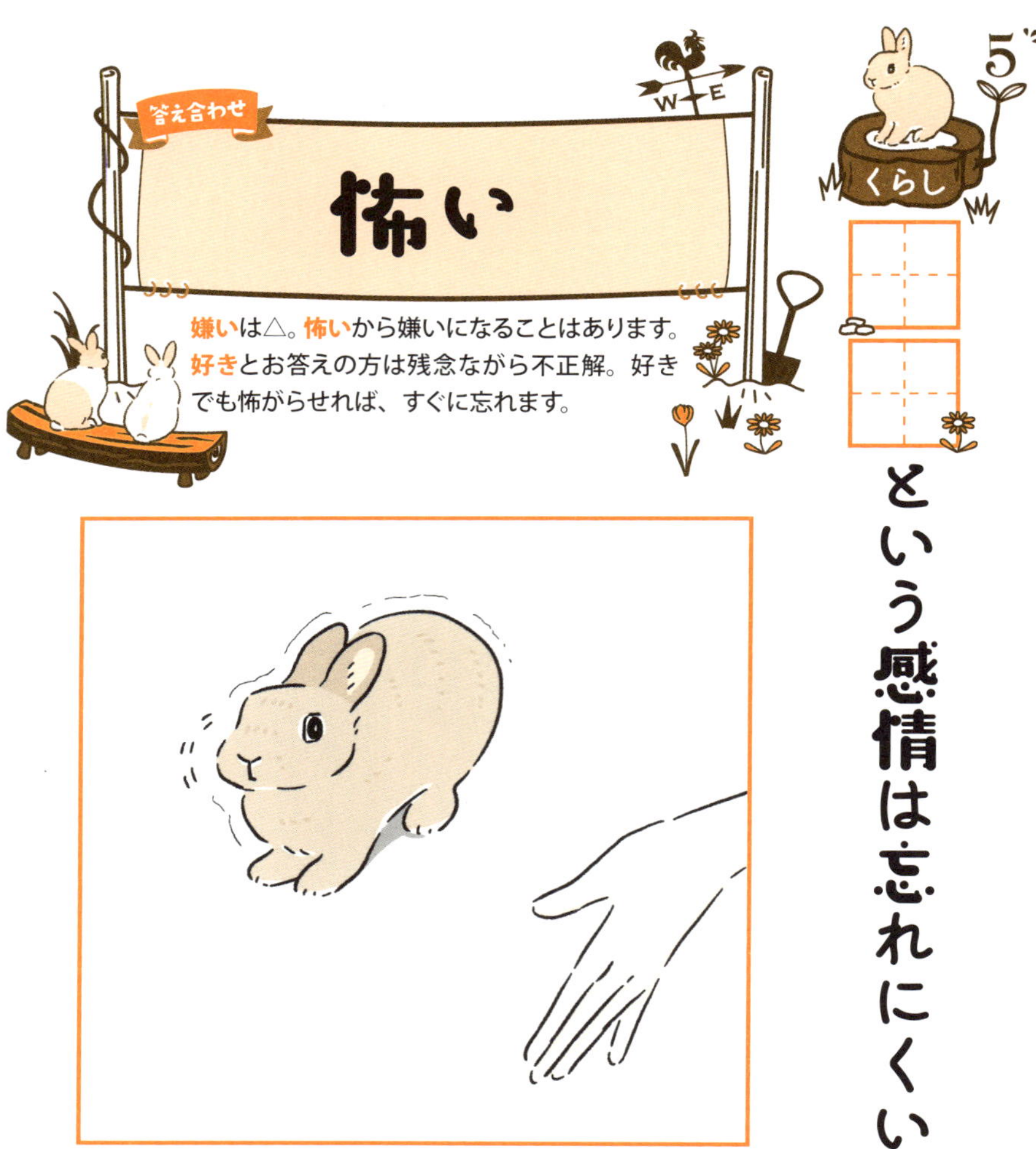

嫌いは△。怖いから嫌いになることはあります。好きとお答えの方は残念ながら不正解。好きでも怖がらせれば、すぐに忘れます。

□□という感情は忘れにくい

たとえば人間でも、おぼれて水が怖くなると、プールが苦手になって行かなくなるといったことはあります。同じ危険にあいたくない気持ちが働くからですよね。危険を敏感に察知するうさぎは、より怖かった記憶を強く残します。人間であれば、恐怖を克服しプールに行けるようになることもありますが、うさぎだと記憶の上書きは難しいかもしれません。

ふざけて追いかけたりして怖がらせると、危険生物とインプットされて懐いてくれなくなることもあります。

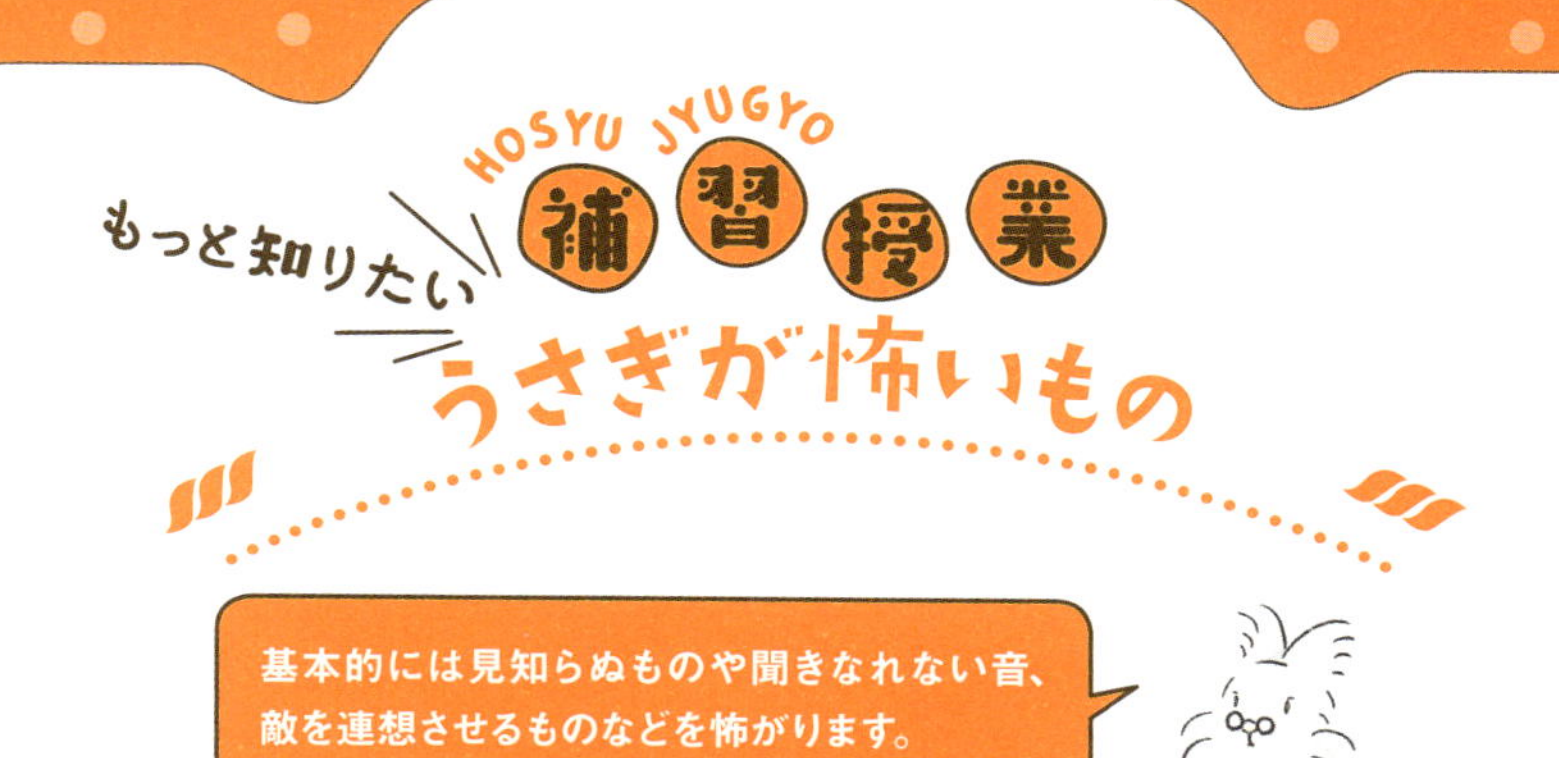

うさぎが怖いもの

基本的には見知らぬものや聞きなれない音、敵を連想させるものなどを怖がります。

アンゴラ校長

工事の音、バイクや車の音

突然聞きなれない音がすると、何が起こっているのか不安になります。人間が気にならないような遠くの音でもストレスに感じるよう。聞きなれない音がしたせいで、ごはんを食べなくなったなどというくらい音には敏感です。

追いかけられること

人間は遊びのつもりであっても、うさぎにとっては敵に狙われる恐怖を思い起こさせることも。遊びと理解する子もいますが、怖がる子が多いので気をつけましょう。

上から捕まえられること

猛禽類などに捕まえられることを思い起こさせます。抱っこも、上から急に捕まえると余計に怖がってしまうので、しゃがんで低い位置で抱っこをするようにしましょう。

ほかのうさぎ

ほかのうさぎと、仲よくなれる子もいますが、多くの場合は警戒して相手の出方をうかがいます。お互いに怖がっていると、何かのキッカケで大きなケンカになることも。一方ほかの動物には、野生では敵のはずでも危険と気づかず近づいていき、事故になってしまうことがあります。

ケージやトイレを□□されると不安になる

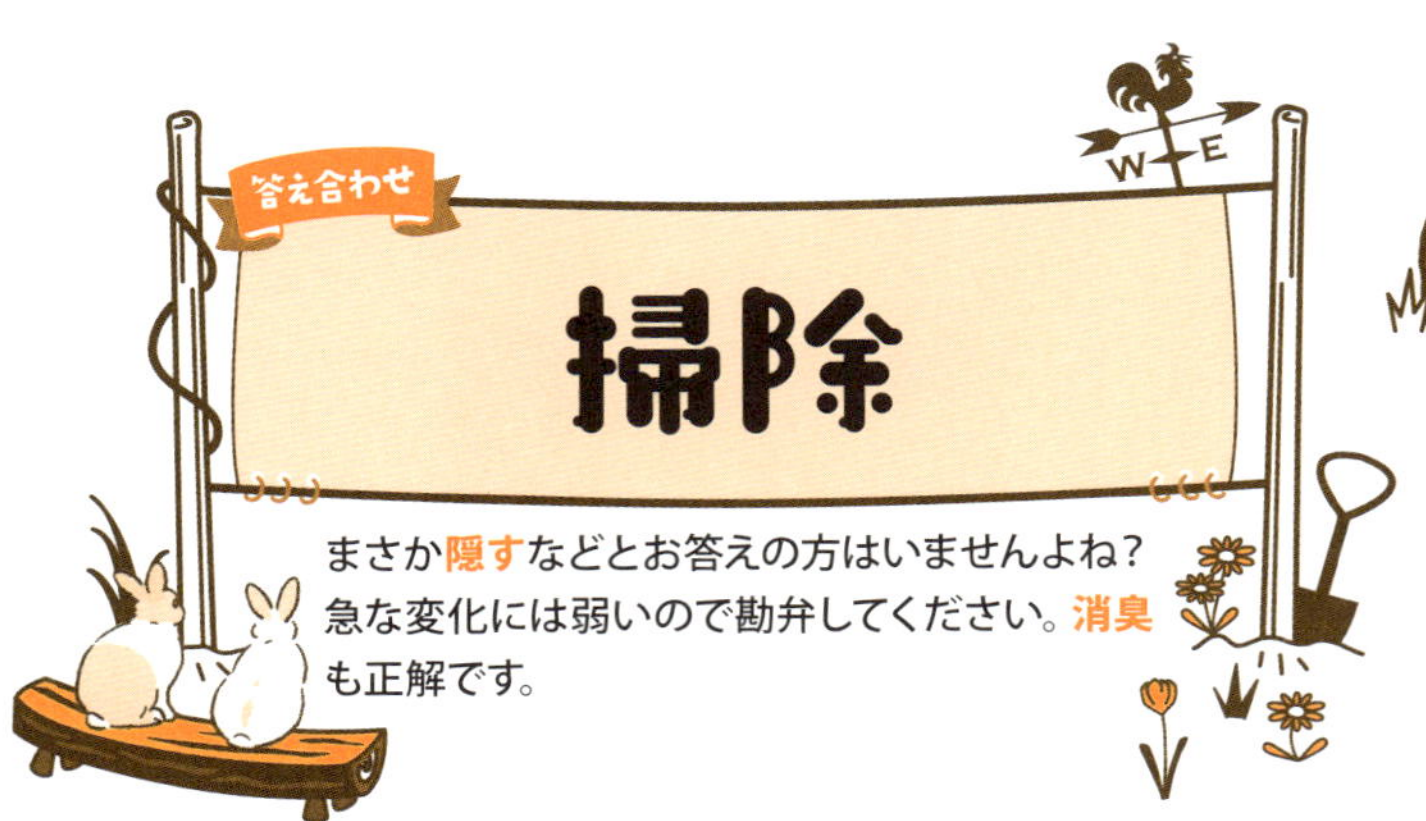

まさか隠すなどとお答えの方はいませんよね？急な変化には弱いので勘弁してください。消臭も正解です。

トイレやケージを掃除されてにおいを消されてしまうと、なわばりとしてのアピールが弱まってしまい、うさぎは困ってしまいます。なわばり意識の強い子だと、掃除しようとする手に攻撃を加えてくることも。

しかし、ウンチにはコクジウム原虫などの病原体が混じっていることがあり、ケージやトイレが不衛生なままでは病気の原因になってしまうので、定期的に掃除はしてあげなければいけません。攻撃してくる子は、ケージの外など別の場所に移してから掃除するようにしましょう。

季節

人間でも「**季節**の変わり目に注意」ってよく言われるので、みなさん答えられましたよね？
気温、**温湿度**も正解です。

の変わり目は要注意

うさぎは、「暑さに弱い」と言われていて、暑すぎれば熱中症に、湿度が高ければ皮膚疾患などになってしまいます。

また、寒すぎてもうっ滞（→187ページ）などを起こす恐れがあります。

アナウサギは、地下で暑さ寒さをしのいできました。地下は地上よりも気温差が少ないのです。**家庭でも、急激な温度や湿度の変化がないよう室温管理をすることが大切**です。特に日本は、四季による温度変化の激しい国。エアコンなどで上手に調節してあげましょう。

8 くらし

適温は□℃以下、湿度は□%前後

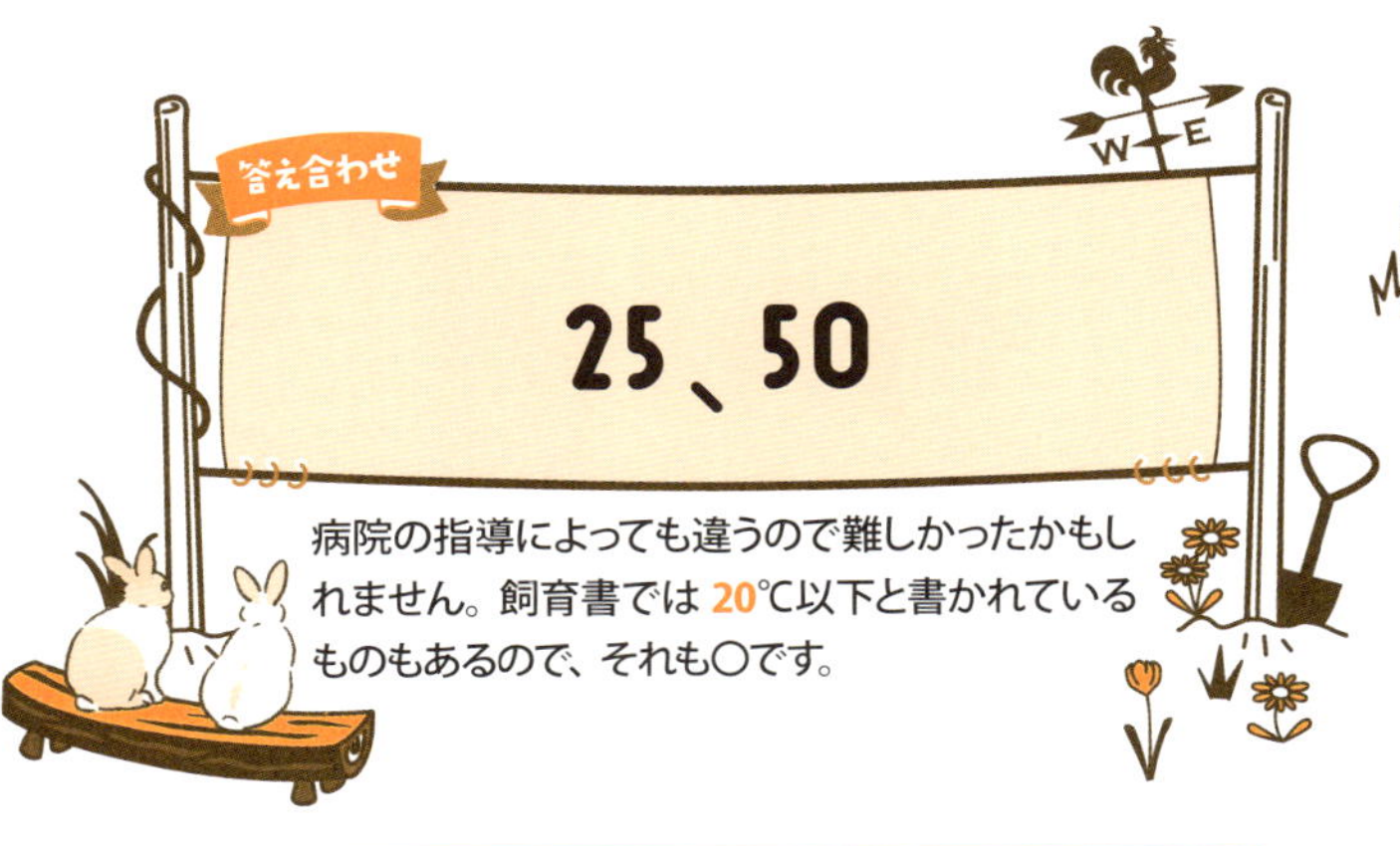

病院の指導によっても違うので難しかったかもしれません。飼育書では20℃以下と書かれているものもあるので、それも○です。

暑さに弱いうさぎにとって、30℃を優に超える日本の夏は過酷な季節です。飼育書などでは20～22℃以下が適温と書かれていますが、実際はエアコンで25℃以下、高くても28℃を超えないようにしましょう。

冬は、健康なうさぎなら15℃以上、子うさぎや高齢のうさぎは少し暖かめの22℃くらいで過ごせるようにします。エアコンだけではなく、ペットヒーターなどを使うのもおすすめ。

湿度は高すぎても低すぎても、うさぎの体によくないので、50%くらいになるように。

▶▶▶（科目）ケージの置き場所

問）次のうち、ケージの置き場所として適するものに○をつけよう。

✕ エアコンの前

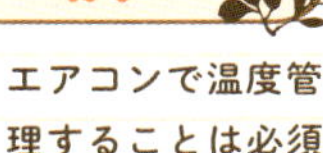

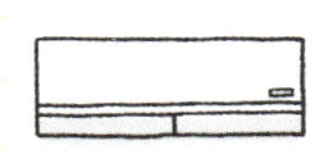

エアコンで温度管理することは必須ですが、風が直接当たるところにケージを置くと、うさぎは体調を崩してしまいます。

✕ 窓の近く

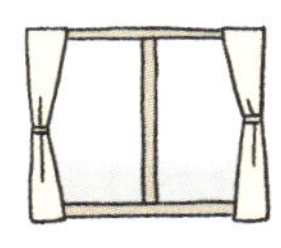

日当たりや風通しはよさそうですが、窓の近くは直射日光があたったり、温度変化が激しいため、避けましょう。

△ 床の上

床の上に直に置くと、冬場は床からの冷気がダイレクトに伝わってしまう恐れがあります。ケージの下に断熱材を敷いたりしましょう。

△ 棚など高いところ

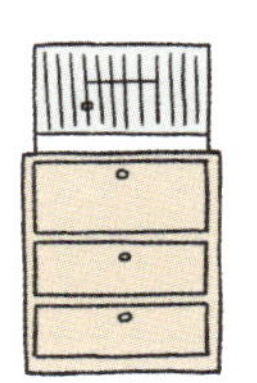

暖かい空気は高いところへ移動します。夏場は高い場所にケージを置くと、暑くなってしまうかもしれません。また、落下にも十分注意しましょう。

○ 壁に接するところ

ケージの２面が壁に接しているところは、四方八方から見られることがないので、うさぎは落ちついてすごせます。

同じ室内でも温度変化はあるため、必ず、うさぎのケージに直接温湿度計をつけて、ケージ周りが適温かどうかチェックしてあげましょう。

9 くらし

基本の食事は牧草＋ペレット＋□□

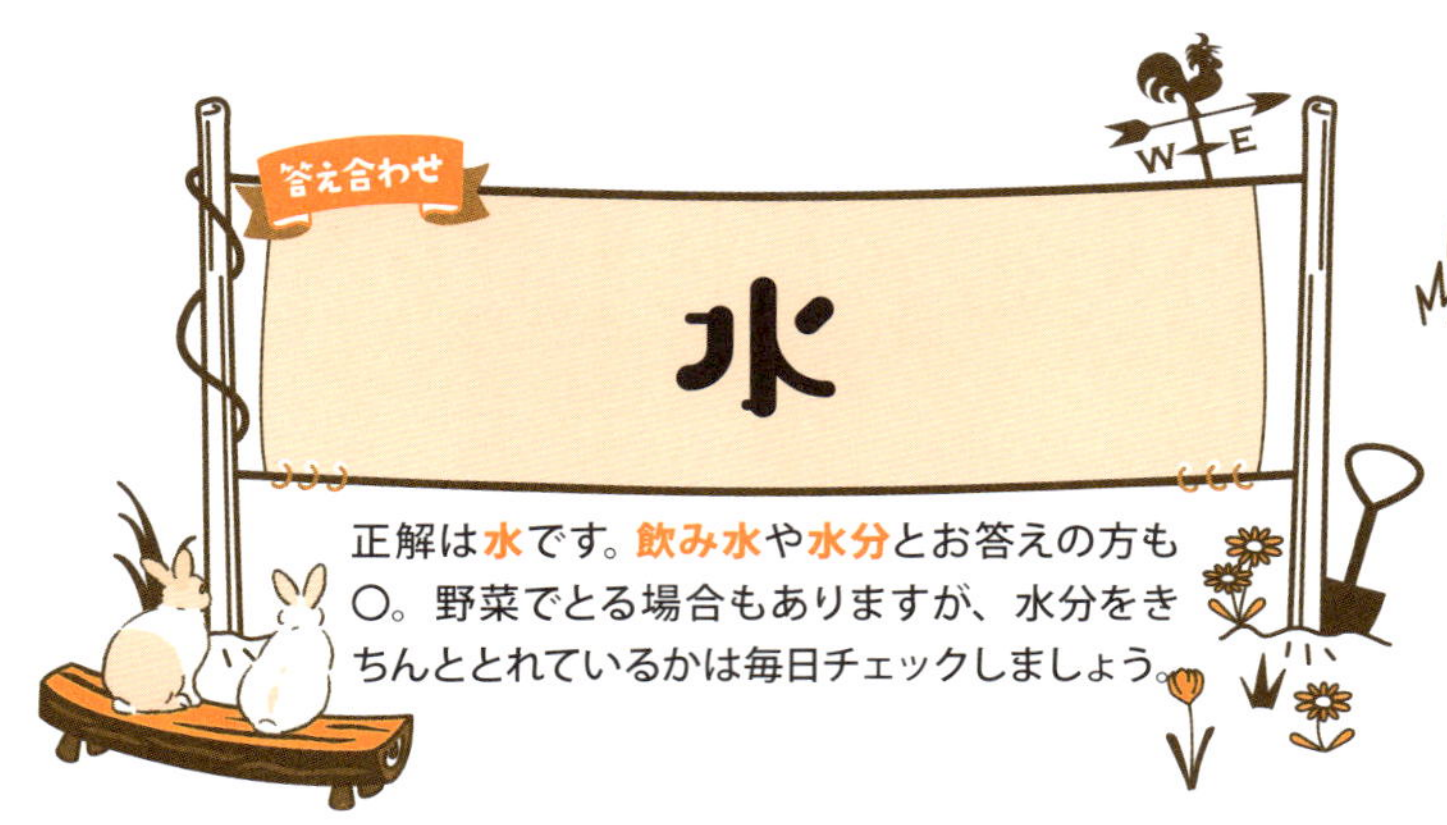

正解は水です。飲み水や水分とお答えの方も○。野菜でとる場合もありますが、水分をきちんととれているかは毎日チェックしましょう。

うさぎは牧草を食べ放題でたくさん食べさせ、牧草だけでは足りない栄養はペレットで補います。ペレットは、牧草が主成分で繊維質が豊富なもの、脂質が多くないものを選びます。

そして、毎日新鮮な水もいっしょに与えましょう。水の摂取量が少ないと、消化器や泌尿器のトラブルを起こしやすくなってしまいます。野菜で水分をとっている子は、水をあまり飲まないかもしれません。与える水はふつうの水道水でOKです。硬水は結石になりやすくなるので与えないようにしましょう。

□のバリエーションを広げよう

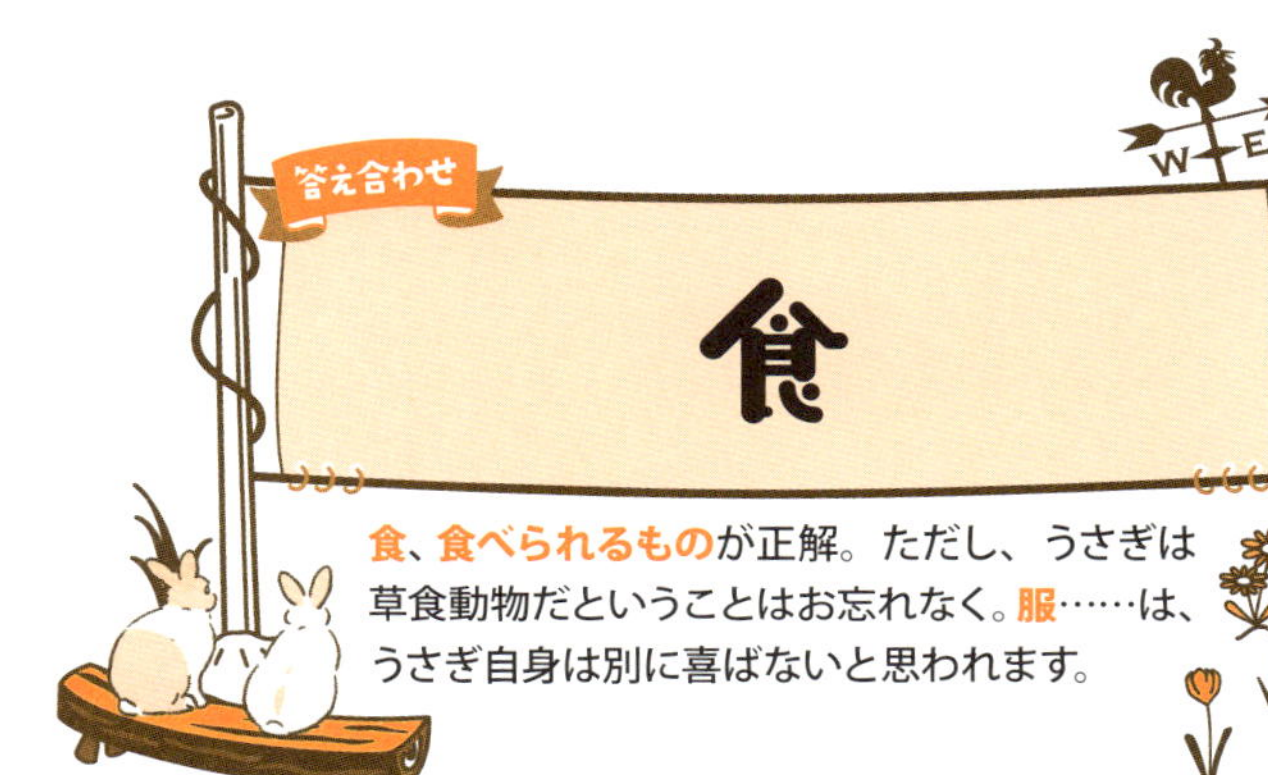

食、食べられるものが正解。ただし、うさぎは草食動物だということはお忘れなく。**服**……は、うさぎ自身は別に喜ばないと思われます。

うさぎは、味を感知する味蕾の数が多く（→68ページ）、人間よりも味に敏感だと考えられています。**食のバリエーションを広げてあげることは、うさぎにとってよい刺激**になるでしょう。

ただし、イモやパンなどのでんぷん質、中毒になるネギ類など、与えてはいけない食材には注意します。

主食の牧草を食べる妨げにならない程度で、小松菜やセロリ、春菊などの野菜や、野草、ハーブなど、食の楽しみを増やしてあげると、**食欲が落ちたときにも助かります**。

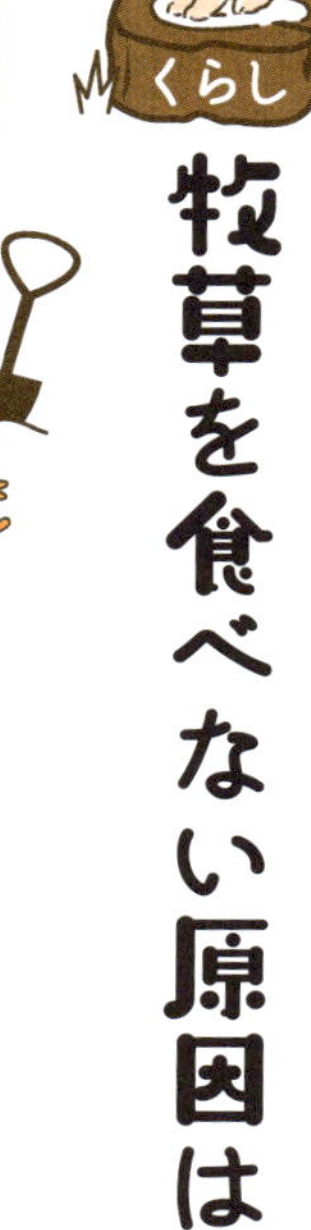

牧草を食べない原因は□□□の食べすぎ

野菜、りんごなど、牧草以外の食べ物は正解。心当たりがあれば、ぜひ改善を。ペレットも○。ペレットも牧草を食べられる量にしましょう。

うさぎの「主食」は牧草で、それ以外は「副食」です。野菜や果物をあげると、うさぎはそのおいしさに喜ぶでしょう。しかし、ついあげすぎてしまうと、うさぎは牧草を食べなくなってしまいます。牧草よりも野菜や果物のほうがおいしいし、栄養価が高いことを知るからです。

けれど、うさぎの消化管は、栄養価の低い牧草を消化するためにできています。繊維質を十分にとらないと、うっ滞（→187ページ）などのトラブルを起こしてしまいます。

おやつの考え方

飼い主Eさん

牧草を食べてくれなくて、つい心配になっておやつをあげると食べてくれます。あげすぎはよくないと思っているのですが……。

牧草を食べなければ、「おいしいやつ」が出てくることをうさぎが学習してしまっています。

うさお先生

解説

うさぎはかしこいので、牧草を食べずに待っていれば、飼い主さんが別のおいしいものをくれることをわかっています。うさぎ自体は、自分の体の健康など考えず、おいしくて栄養価が高いもののほうが断然好き。牧草以外のものを食べるようなら、食欲には問題がないはず。牧草をあげたら、食べるまでもう少し待ってみましょう。

Re:
おやつというと、人間は「あまいもの」と考えてしまいますが、いつもの牧草やペレットをおやつにしてもいいんですよ。

アンゴラ校長

おやつの上手なあげ方

- 爪切りや病院など苦手なことを我慢したご褒美に。
- あげるときは、人の手からあげるようにして、「飼い主さんからもらえる特別なもの」と意識づけよう。
- あげるタイミングは、「毎日」などと決めず、突然あげるとうれしいサプライズになります。

□□□□□の多い食事は避ける

たんぱく質、**脂質**も正解です。**カロリー**は△。**食べ残し**？　残すたびにいちいち食を変えていては偏食うさぎになってしまいますよ！

でんぷん質の多い食事は、胃腸の働きを悪くし、ガスの異常発酵を引き起こす原因となります。でんぷん質が多いものには、バナナやサツマイモ、トウモロコシ、燕麦（えんばく）など糖質も高くてうさぎが好むものもありますが、**あげすぎにはくれぐれも注意をしましょう**。

また、サプリメントやペレットの中にも、成分を固めるために小麦などのでんぷん質を多量に使っているものがあります。でんぷん質だけではなく、**脂質、たんぱく質が高すぎる食べ物は、なるべく与えない**ように。

□□□□の時間を楽しみにしている

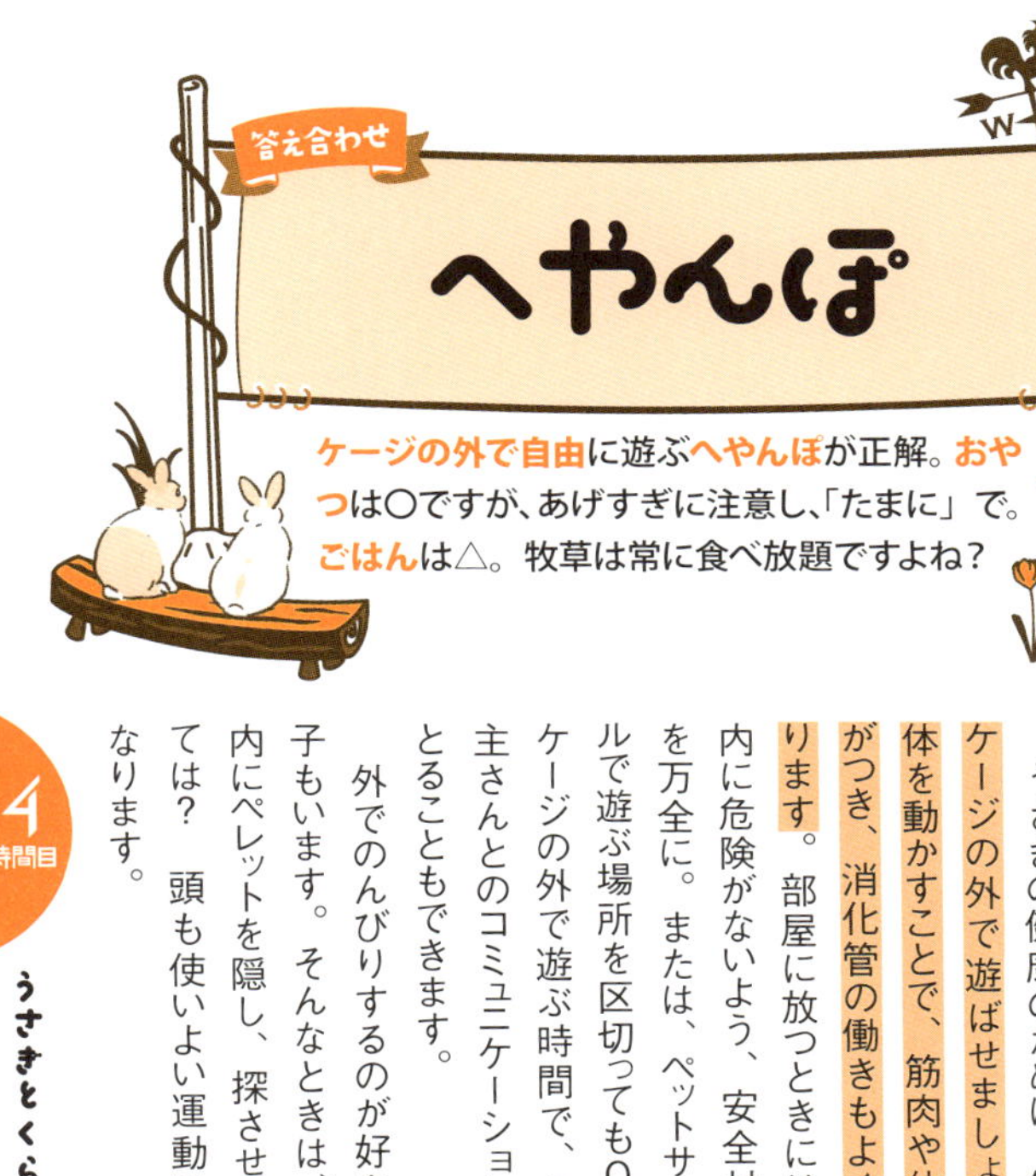

ケージの外で自由に遊ぶへやんぽが正解。おやつは○ですが、あげすぎに注意し、「たまに」で。ごはんは△。牧草は常に食べ放題ですよね？

うさぎの健康のために、毎日ケージの外で遊ばせましょう。体を動かすことで、筋肉や体力がつき、消化管の働きもよくなります。部屋に放つときには室内に危険がないよう、安全対策を万全に。または、ペットサークルで遊ぶ場所を区切ってもOK。ケージの外で遊ぶ時間で、飼い主さんとのコミュニケーションをとることもできます。

外でのんびりするのが好きな子もいます。そんなときは、室内にペレットを隠し、探させてみては？　頭も使いよい運動にもなります。

14 くらし

群れの□□□□になりたい

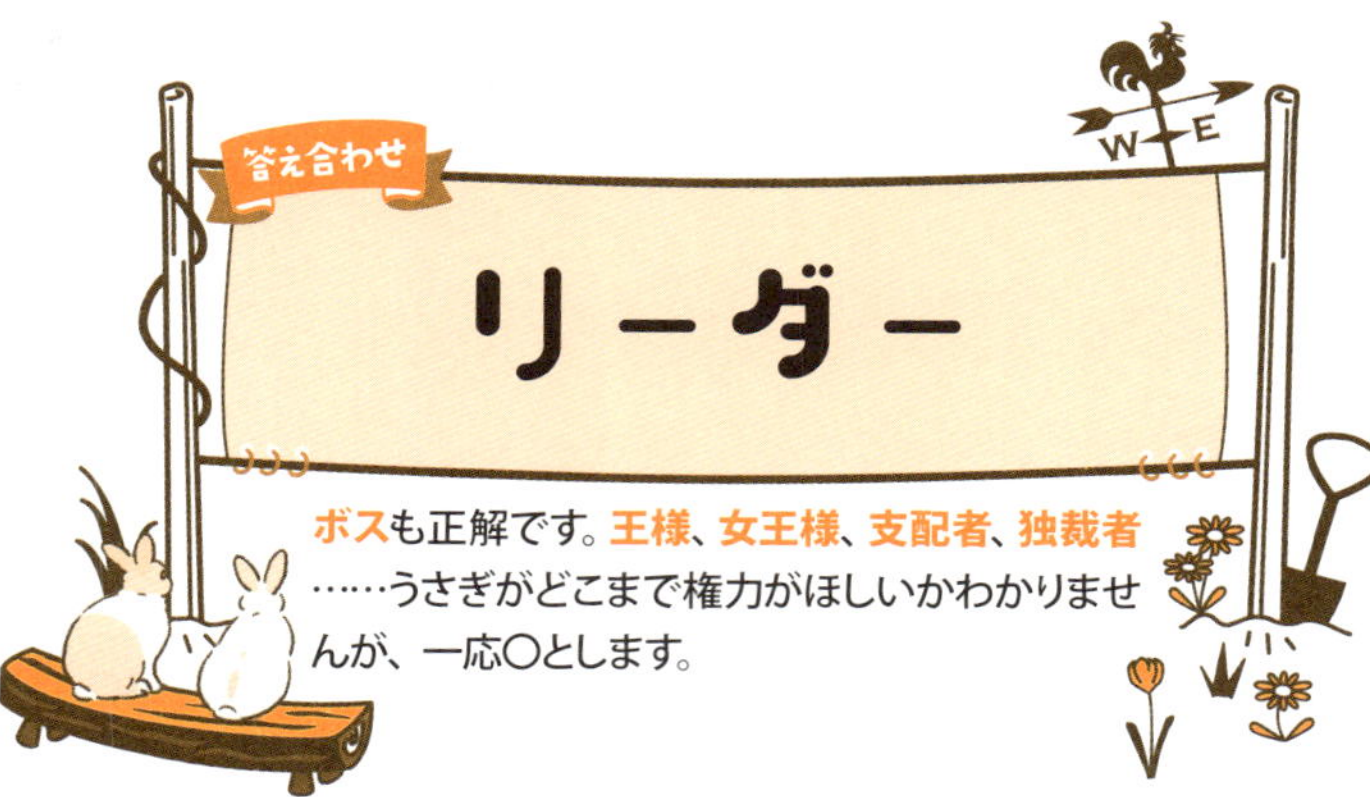

ボスも正解です。**王様**、**女王様**、**支配者**、**独裁者**……うさぎがどこまで権力がほしいかわかりませんが、一応○とします。

うさぎは社会性をもつ動物で、群れにはルールもあり、リーダーもいます。家の中は、**飼い主さんが群れのリーダーだとうさぎが理解すれば、ルールを守って落ちついて生活ができます**。

しかし、若いうちは、自分がリーダーになりたがったり、要求がどこまで通るか試してみたり、人間にとって困った行動をくり返すことがあるかもしれません。たとえば、おやつをしつこく欲しがったり、気に入らないと人を噛んだり。「それはダメ」と**飼い主さんがルールを決め、毅然とした態度で接しましょう**。

15 くらし

うさぎだけの留守番は□□以上無理

泊まりも正解。**2日**とお答えの方。1泊の留守ならOKとお考えかもしれませんが、丸1日うさぎだけでいるのは心配です。

うさぎは群れで生きる動物ですが、1匹でさみしいということはありません。日中、仕事や学校などで留守にするくらいなら、温度管理と食事と水を用意しておけば留守番もできます。けれど、1泊以上留守にするときは、できればペットホテルなどに預けましょう。

うさぎは、何かの原因で食べなくなってしまうことがよくあります。すると消化管の働きが悪くなり、放っておくと命が危なくなることが。行きつけの動物病院や専門店などに預かりサービスがあるか、聞いてみて。

ほかの

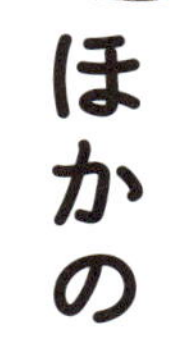

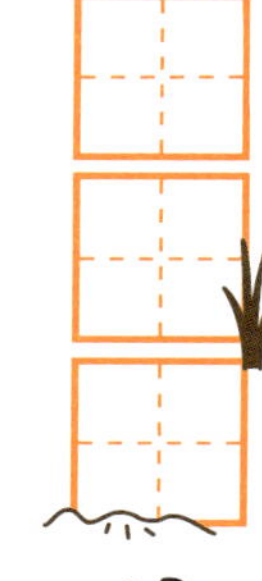

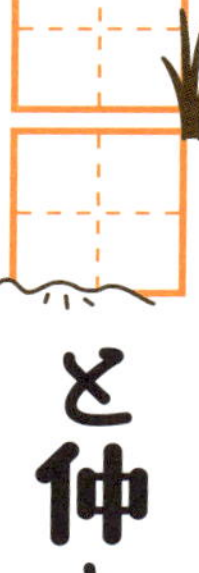

と仲よくできない子もいる

仲がいいうさぎを飼っている方もいるとは思いますが、正解は**うさぎ**。**動物**だと、解答として当たり前なので、△にしておきます。

群れで生きるからといって、**どんなうさぎとも仲よくなれるとは限りません**。便利だから群れでいるだけで、うさぎは自分でごはんを探せるし、本来なら1匹でも困らないのです。どちらかというと、なわばり意識が強いので、ほかのうさぎが同じ空間にいると落ちつかない場合が多いでしょう。

ほかの家のうさぎと会うときや2匹目をお迎えするときは、慎重に相性を見極めましょう。**好き嫌いはうさぎが決めること**なので、無理に仲よくさせることはできません。

17 くらし

□□□□で生殖器系の病気を防ぐ

答え合わせ

避妊去勢

飼っているうさぎの性別によって、避妊手術、去勢手術でも正解です。特にメスの生殖器系の病気は、避妊手術で防ぐことができます。

メスは特に、3歳を超えたころから子宮や乳腺などの生殖器系の病気にかかりやすくなります。繁殖をさせないのであれば、動物病院で避妊手術を勧められることが多いでしょう。オスもメスも、避妊去勢手術をすることで、望まない妊娠を避けることができ、尿スプレー、偽妊娠、攻撃行動などのトラブルが減るといわれています。

手術なので、麻酔などもふくめてリスクはゼロではありません。しかし、経験豊富な獣医師も増えているので、説明を受けしっかり考えて決断しましょう。

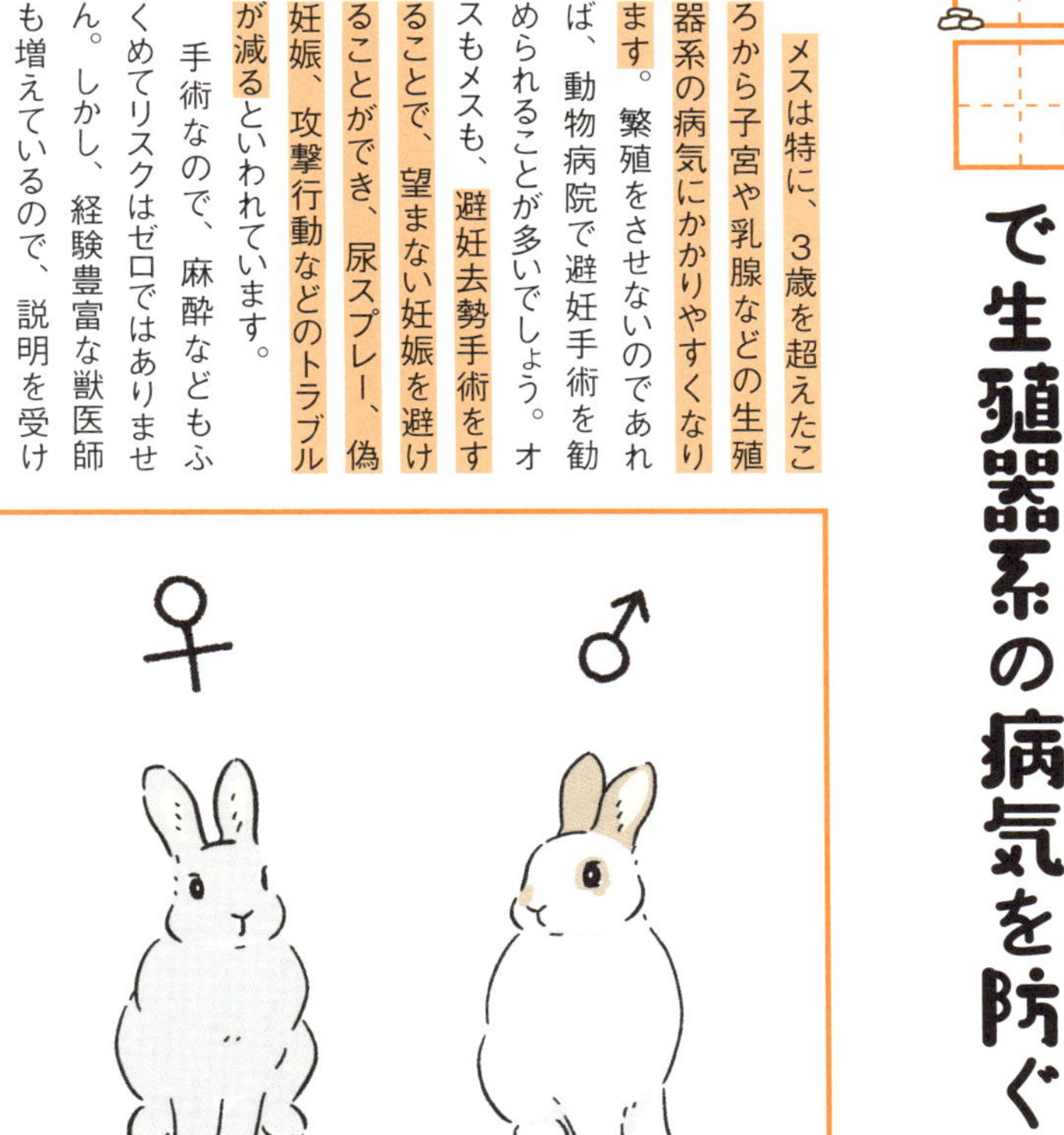

18 くらし

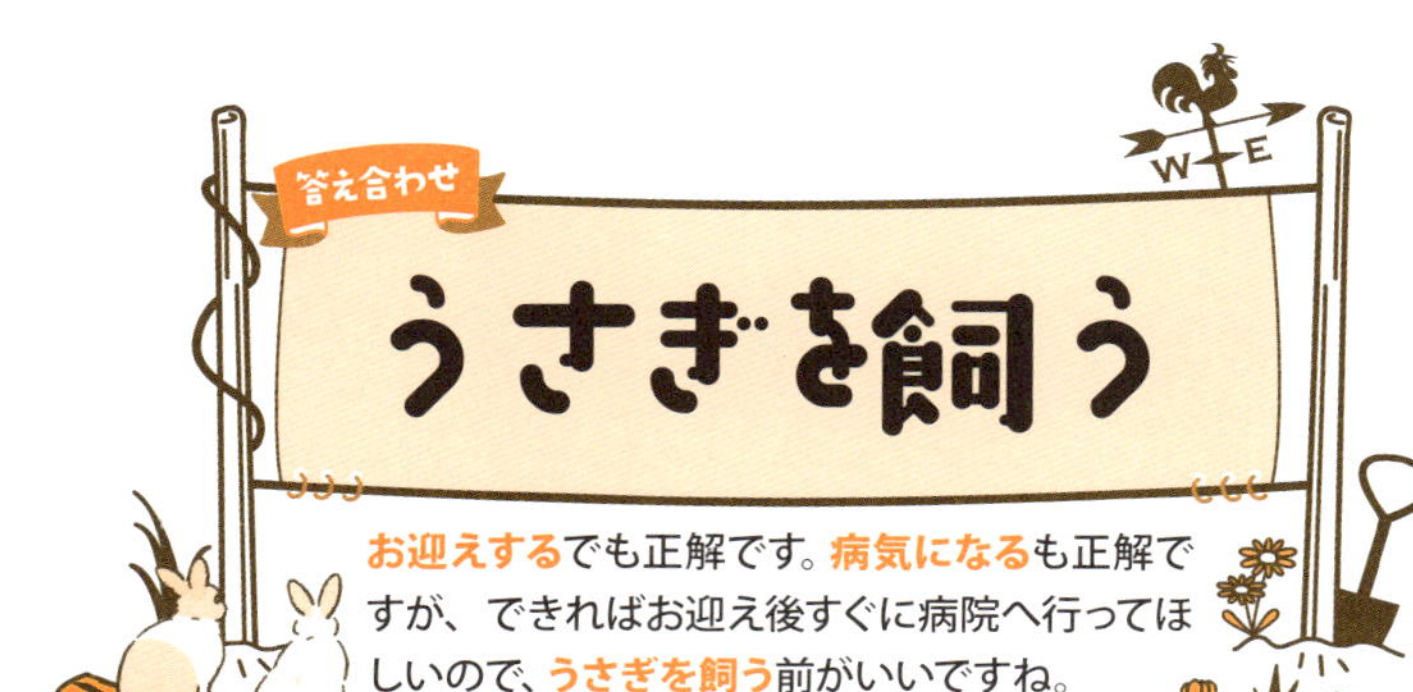

お迎えするでも正解です。**病気になる**も正解ですが、できればお迎え後すぐに病院へ行ってほしいので、**うさぎを飼う**前がいいですね。

前に動物病院を探そう

子うさぎは、4か月くらいまで消化器官の働きが安定せず、下痢をすることが多いです。それが命取りにもなるので、**子うさぎを迎える前にうさぎを診ることができる動物病院を探して**おきます。体調が悪くなくても、うさぎを迎えたら、早めに健康診断を受けるといいでしょう。遺伝的に歯のかみ合わせが悪い場合も、子うさぎのうちに気づくことで矯正が可能なケースがあります。

病気になってからでは遅いので、健康なうちにかかりつけ医を決めておきましょう。

19 くらし

「ギリギリ」という歯ぎしりは、□□□とき

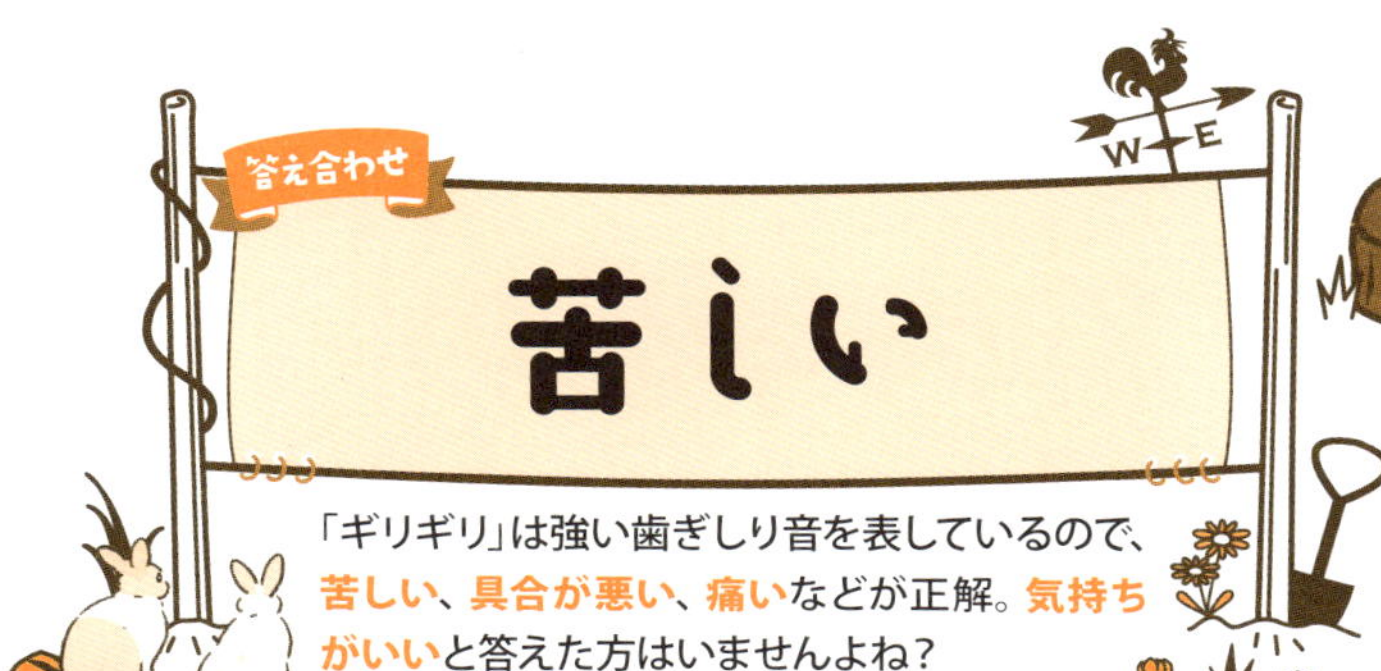

「ギリギリ」は強い歯ぎしり音を表しているので、**苦しい**、**具合が悪い**、**痛い**などが正解。**気持ちがいい**と答えた方はいませんよね？

苦しかったり、体に痛みがあったりすると、「ギリギリ」という強い音の歯ぎしりをすることがあります。ケージのすみなどで背中を丸めてジッとしていて、気持ちがいいときの姿勢とはまったく異なります。うさぎは、体調の悪さを隠す動物（→125ページ）なので、具合の悪さが見てとれるときは相当苦しいときです。

そんなサインに気づいたら、すぐに病院へ連れて行ってください。歯が伸びすぎたときにも歯ぎしりをします。そのときはよだれや涙が出ていたりします。

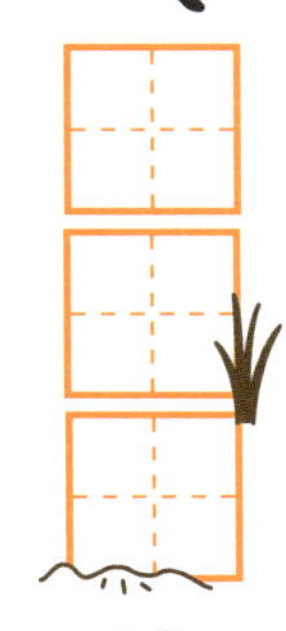

20

くらし

病院では□□□にして診察する

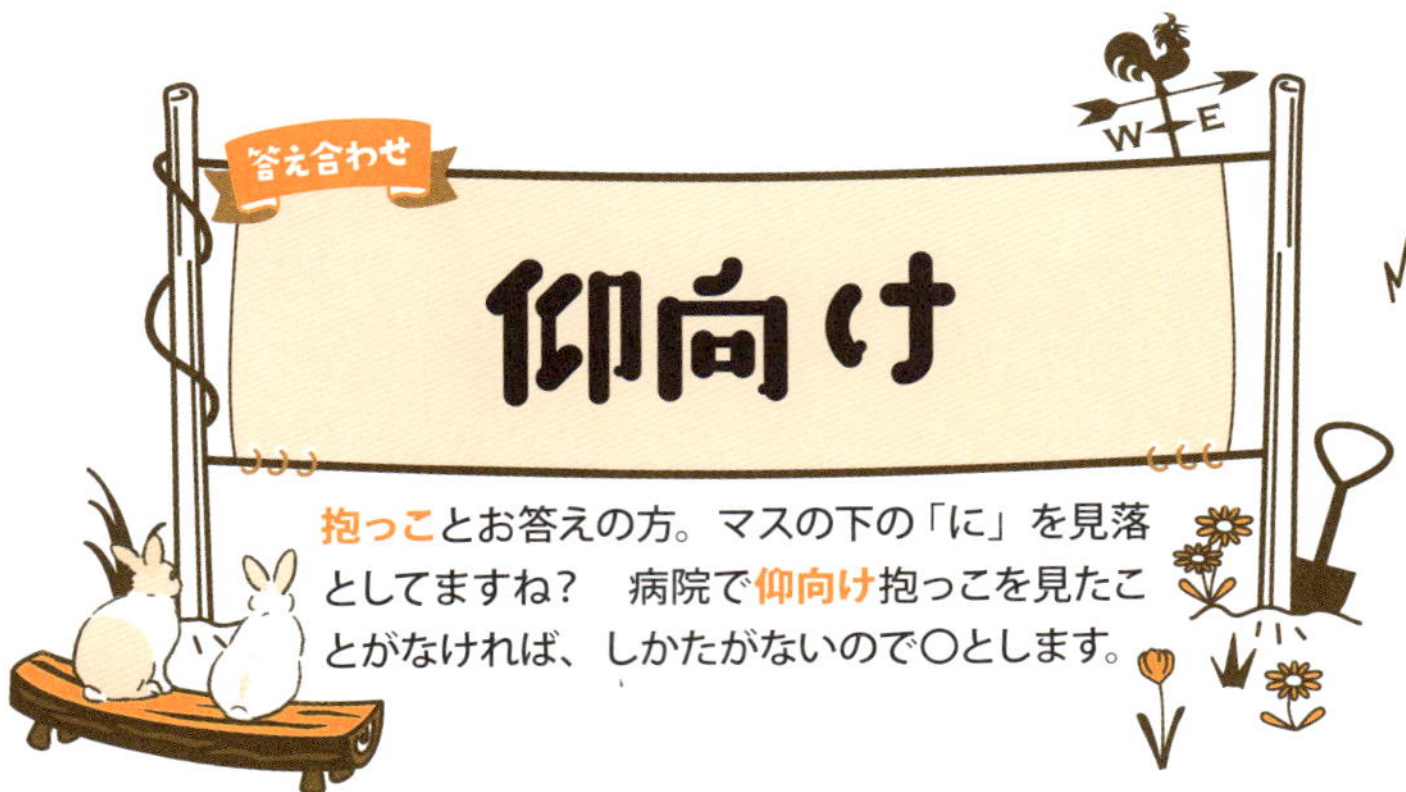

抱っことお答えの方。マスの下の「に」を見落としてますね？　病院で仰向け抱っこを見たことがなければ、しかたがないので○とします。

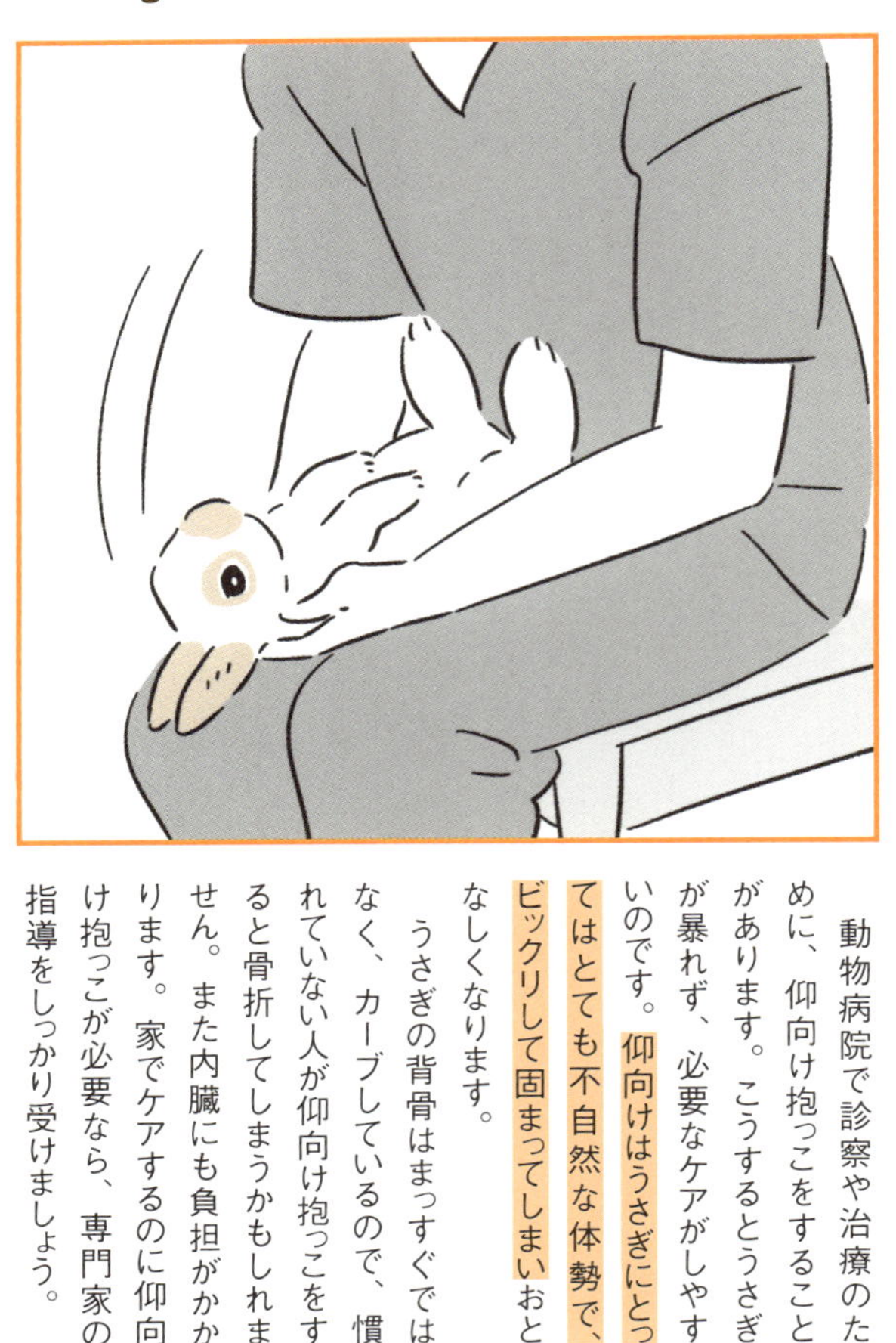

動物病院で診察や治療のために、仰向け抱っこをすることがあります。こうするとうさぎが暴れず、必要なケアがしやすいのです。仰向けはうさぎにとってはとても不自然な体勢で、ビックリして固まってしまいおとなしくなります。

うさぎの背骨はまっすぐではなく、カーブしているので、慣れていない人が仰向け抱っこをすると骨折してしまうかもしれません。また内臓にも負担がかかります。家でケアするのに仰向け抱っこが必要なら、専門家の指導をしっかり受けましょう。

歯も伸びすぎれば、口の中を傷つけるので、正解です。ヒゲや毛は伸びても、ケガすることはなさそうなので×です。

□が伸びすぎるとケガの元

野生のアナウサギは、穴を掘ったりすることで爪も自然に削れます。穴掘りをする機会がない家のうさぎは、1か月に1回くらいは爪切りをしてあげましょう。あまり動かないうさぎは、爪が伸びやすいので、活発な子よりもより頻繁に爪を切ってあげる必要があります。

爪が伸びすぎると、歩きづらいし、目の粗い布やカーペットのループに引っかけて骨折したり、毛づくろいの際に目や体を傷つけてしまったりします。爪の血管を切らないよう、先の尖ったところだけカットしましょう。

22 くらし いっしょの行動をするのは□□だから

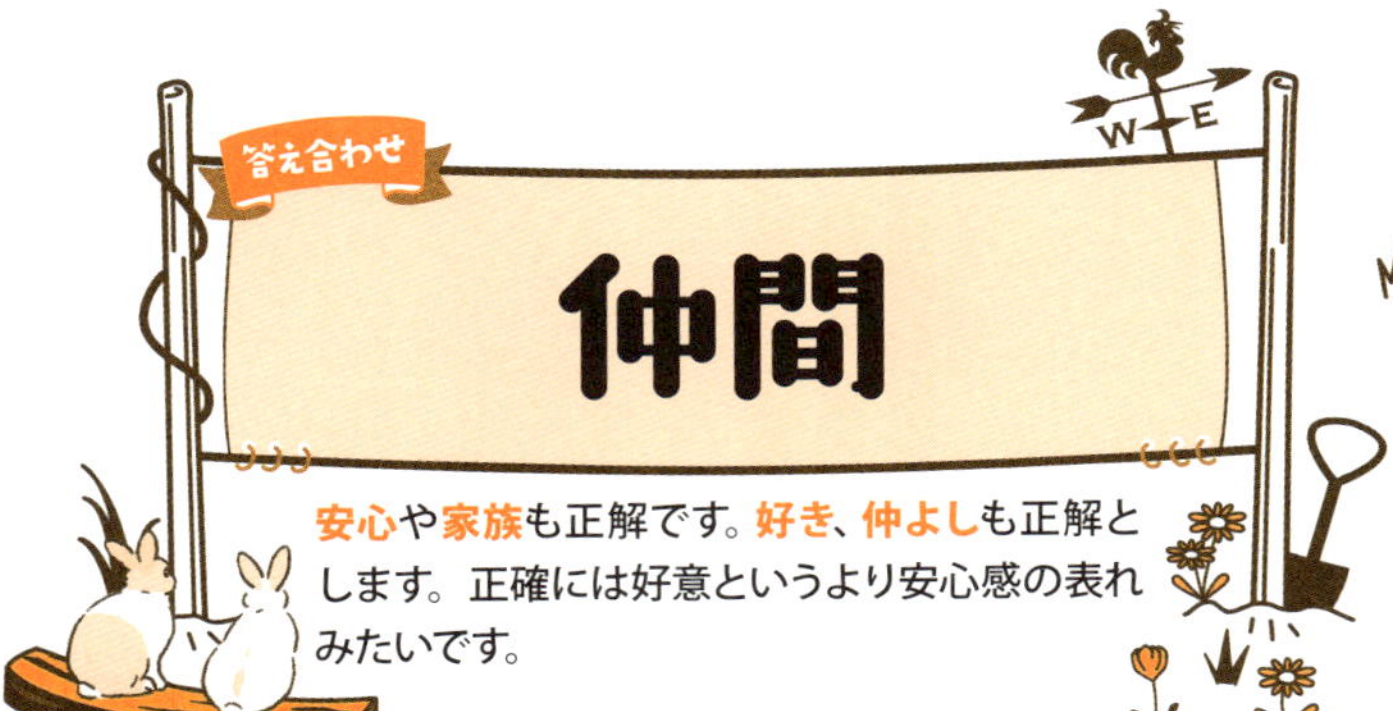

答え合わせ 仲間

安心や**家族**も正解です。**好き**、**仲よし**も正解とします。正確には好意というより安心感の表れみたいです。

アナウサギは、地上に出てきて巣穴周辺の草を食べます。そのとき、**仲間が多ければ多いほど、警戒の目が増えるため、安心して食事に専念できます。**1匹で食事をしていると、常に周囲を警戒しなければならないため、そうはいきません。

飼いうさぎの中には、飼い主さんが食事をし始めると、ケージの中で食べ始める子がいます。これは、**仲間が食べている間に食事をすると安心感が得られる**からではないかと考えられます。つまり、飼い主さんを仲間だと思っている証拠でしょう。

牧草フリー？　いわゆる食べ放題ということでそれも正解ですね。ケージの**出入り**フリー、いわゆる放し飼いはケガに気をつけて。

フリーが健康の秘訣

病気の診断で、「ストレス」が原因と言われることがあります。何かうさぎによくないことをしてしまったのかと心配になりますが、**「ストレス」はとても広い意味で使われ、そこには防げるものと防げないものがあります**。室温や食事など飼育環境は、気をつけて防げるストレスです。突然バイクの音がするなどは防げないストレス。

ストレスで体調が悪くなることがあると知っておき、防げるものは防いであげて、**ある程度は気にせずにおおらかに見守ってあげる**のが健康の秘訣です。

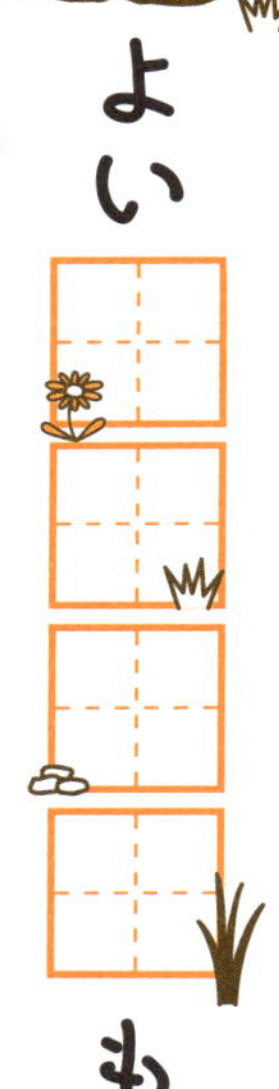

よい□□□□もときどき必要

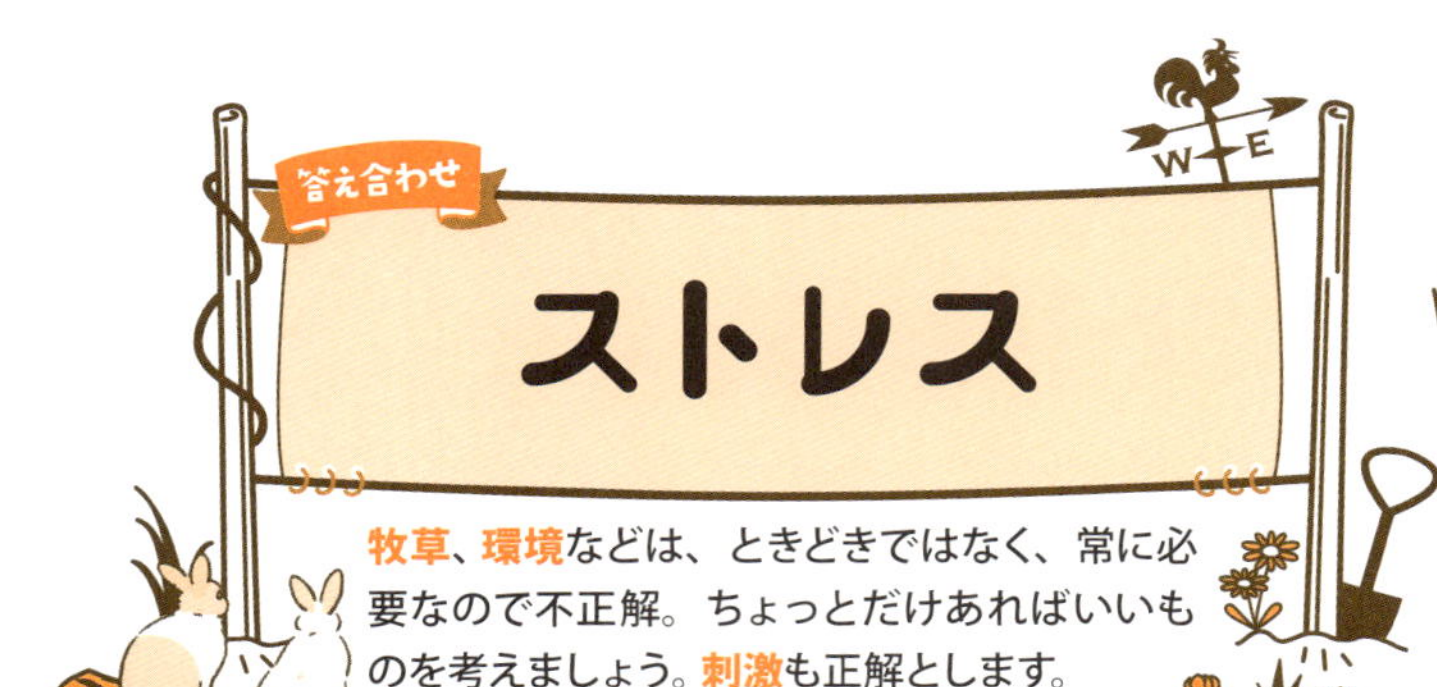

牧草、**環境**などは、ときどきではなく、常に必要なので不正解。ちょっとだけあればいいものを考えましょう。**刺激**も正解とします。

多少のストレスには慣らしてあげるのがうさぎのため。音がストレスになるからと、無音で過ごしていると人間がストレスですし、どこかで音がしたときに必要以上に怖がってしまいます。ふつうの生活音には慣らしていってあげましょう。

また、変化がないことがうさぎの幸せとはいえ、**ときどき「よいストレス」を与えてあげるとうさぎは生き生きとします**。好物をおもちゃに隠して探させたり、野草を摘んできて与えたり、ちょっとした刺激を与えて脳や五感を使わせましょう。

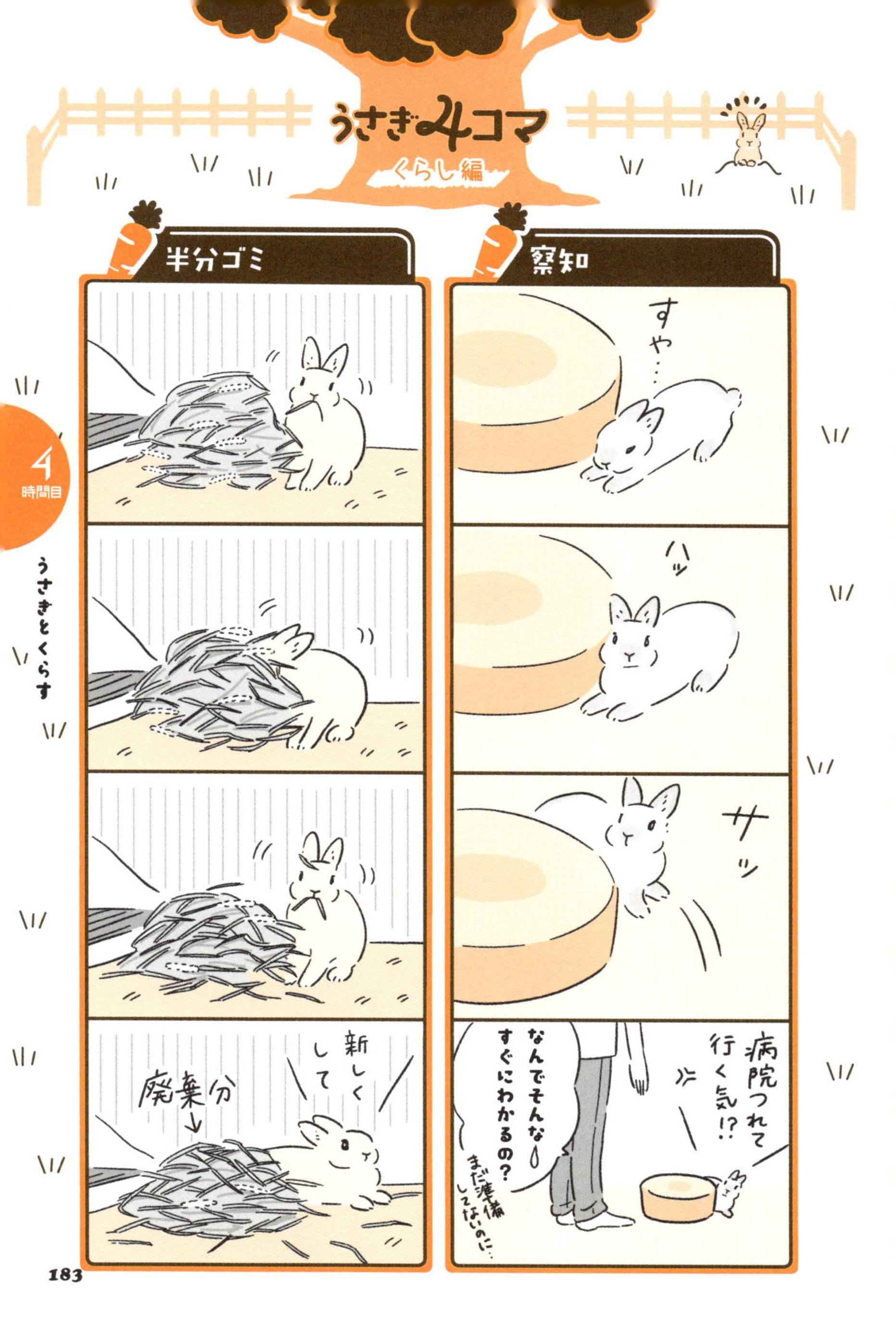

うさぎ4コマ
くらし編
4
時間目
うさぎとくらす
半分ゴミ
新しくして
廃棄分
察知
すや…
ハッ
サッ
病院つれて行く気!?
ハッ
なんでそんなすぐにわかるの?
まだ準備してないのに…

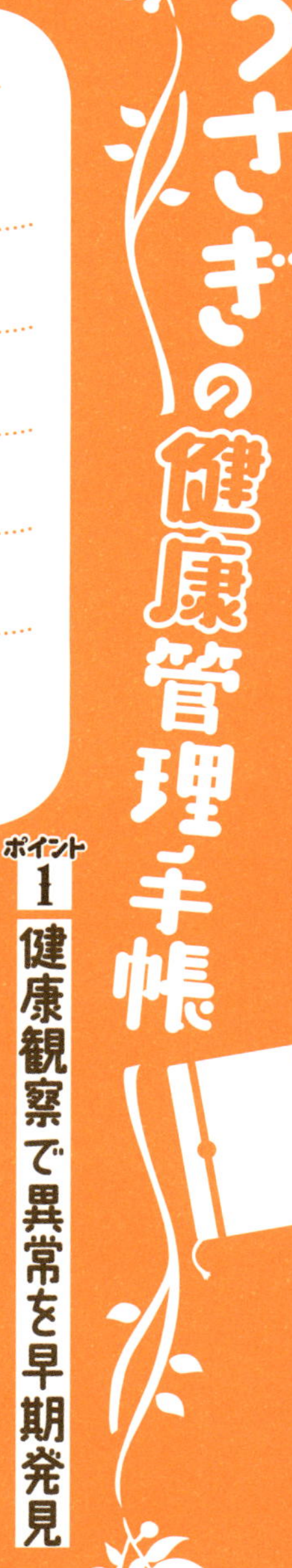

健康ですごすためのポイント

ポイント1 健康観察で異常を早期発見

ポイント2 牧草をしっかり食べさせよう

ポイント3 かかりやすい病気を知っておこう

ポイント4 ケージから出して自由に遊ばせよう

ポイント5 ストレスを与えないようにしよう

5つのポイントについて
ひとつずつ解説していきます。

うさお先生

ポイント1 健康観察で異常を早期発見

うさぎは具合の悪さや体の痛みを隠していつもと変わらないふりをする傾向があります(↓125ページ)。そのため、気がついたときにはかなり悪くなってしまっているということも。異常に早く気がつき対処すれば、よくなる可能性もそれだけ高くなります。異常を早く発見するためには、ふだんの健康な状態を知っておくこと。特別に健康観察の時間を設けなくても、食事のときに食いつきや食べた量、飲水量をチェックしたり、トイレの掃除のときにウンチやオシッコの状態をチェックするなど、ふだんのお世話の延長でチェックしてあげればいいのです。

左のチェック項目も参考にしていただき、気になることがあれば、早めに診断を受けましょう！

アンゴラ校長

うさぎの健康観察ポイント

✔がつかない項目がある場合は、体調を崩している可能性があります。

目

- □ 傷や腫れがない
- □ ショボショボしていない
- □ 目ヤニや涙が出ていない
- □ 白く濁っていない

耳

- □ 耳アカがない
- □ においがない
- □ かゆがっていない

おしり

- □ ウンチやオシッコで汚れていない

鼻

- □ 鼻水が出ていない
- □ クシャミをしていない
- □ 異常な音がしていない

足

- □ 爪が伸びすぎていない
- □ 足裏の毛がはげていない
- □ 痛がっていない

口・歯

- □ よだれが出ていない
- □ ごはんを食べづらそうにしていない
- □ 強い音で歯ぎしりをしていない
- □ 歯は伸びすぎていない
- □ 下アゴがデコボコしていない

おなか

- □ いつもより膨らんでいない
- □ 触られるのを極端にいやがるなど、痛がるそぶりが見られない

行動

- □ 走り方、歩き方がおかしくない
- □ 食べる量はいつもと同じ
- □ 飲水量はいつもと同じ

ウンチ・オシッコ

- □ 下痢をしていない
- □ ウンチの数はいつもと同じ
- □ オシッコの量が多すぎたり少なすぎたりしていない
- □ オシッコに血が混じっていない

健康なウンチは1cmくらいで、固くて繊維が混じっています。

半日何も食べていなくて、ウンチも出ていないときはうっ滞（→187ページ）を疑い、病院へ行きましょう。

ポイント2

牧草をしっかり食べさせよう

草食動物であるうさぎの体には、繊維質が必要。牧草などで繊維質を十分にとることが、うさぎの体の健康を保ってくれるといっても過言ではありません。繊維質が豊富な牧草は消化管を正常に動かし、歯の伸びすぎも抑えてくれます。牧草にはいくつか種類がありますが、イネ科の牧草はいくら食べても問題はないため、毎日たっぷりあげて食べ放題にしてあげましょう。

牧草の種類

●イネ科の牧草

低たんぱくで高繊維で、おとなのうさぎにおすすめ。いくら食べさせてもOKです。チモシーやオーチャードグラス、イタリアンライグラスなどがあります。

●マメ科の牧草

イネ科の牧草よりも粗い繊維は少ないのですが、栄養価は高いです。うさぎにはたんぱく質が多くカルシウムをとりすぎてしまうおそれがあるため、与えすぎに注意が必要。アルファルファやクローバーなどがあり、成長期の子うさぎに与えます。

刈る時期によっても種類が違う

一番刈り
春から初夏に刈ったもの。茎が太くて繊維質が豊富。

二番刈り
夏から秋に刈ったもの。茎や葉が細くて柔らかめ。

三番刈り
冬のはじめに刈ったもの。茎が少なめで葉が多く柔らかい。嗜好性が高い。

繊維質　多↑↓少

牧草は、保存状態が悪いと質が落ちて、うさぎが食べなくなることも。また、メーカーや刈り入れた年によっても味が変わります。牧草って奥が深いのです！

アンゴラ校長

ポイント3

かかりやすい病気を知っておこう

うさぎの体のつくりは、犬や猫とはまったく異なり独特です。たとえば、食べづらい草を食べるために発達した消化管であったり、草をすりつぶして食べるために伸び続ける歯などをもっていることが特徴としてあげられます。そのため、体に起こるトラブルもうさぎならでは。そうした、体に起こりやすいトラブルを知っておけば、どうやってそれを防いだらよいか考えることもできます。また、日々の健康チェックでもどこを気にしたらよいかを知っておくことで、病気の早期発見にもつながるでしょう。

うさぎの体のトラブルで多いのは、おなかの病気と歯の病気。それぞれ、どんな病気にかかりやすいかを見ていきましょう。

胃腸うっ滞

うっ滞とは?

うさぎの消化管は、常に動いていますが、何らかの原因でその動きが悪くなることを胃腸うっ滞といいます。胃腸の活動が低下すると、食べたものが胃や腸に留まってしまいます。そうして、胃の入り口や腸の出口がふさがれることでガスや毒素が溜まるなどして、重篤な病気を引き起こします。

うっ滞を起こす原因

一番の原因は、繊維質不足といったうさぎに適さない食事。また、でんぷん質を過剰に摂取すると、腸内環境に悪影響を及ぼす可能性があります。豆、麦、オヤツ類など、糖質が高く、高たんぱくな食事もNGです。そのほかストレスや歯のかみ合わせの異常(不正咬合)、寒さなどが原因になる場合もあります。

毛を多量に飲みこむことがうっ滞の原因と言われてきましたが、胃腸が正常に働いていれば、毛は排出されます。ただし、私のような長毛種はブラッシングは必須です。

歯の不正咬合

不正咬合とは？

うさぎの歯は生涯伸び続けます。歯のかみ合わせが正しければ、牧草を食べることで歯が適度に削れて伸びすぎるということにはなりません。しかし、何らかの原因でかみ合わせが異常だと、歯が伸びすぎてしまい食事ができなくなったり、口腔内を傷つけてしまったりします。

不正咬合になる原因

草を食べるときに、うさぎは上下の歯をこすり合わせ、すりつぶすようにして食べます。すりつぶす必要がないものを食べていると、歯がうまく削られません。また、遺伝的にかみ合わせが異常であったり、抱っこの失敗など高いところから落下したことが原因でかみ合わせが悪くなることもあります。

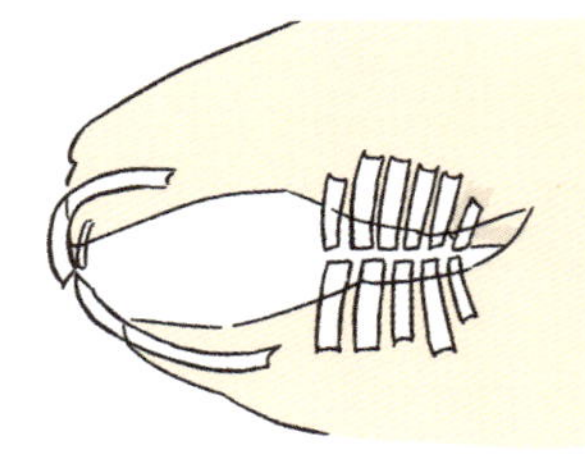

切歯（前歯）の不正咬合には気づきやすいけれど、奥にある臼歯の異常は気づきにくいものです。食欲がないときは、歯のかみ合わせも病院でチェックしてもらいましょう。

うさお先生

健康診断で検査する

動物病院は、病気になってから行くだけの場所ではありません。なるべく健康診断を理由に、定期的に病院へ行くことをおすすめします。健康診断は、病気の早期発見のために連れていきますが、それだけではなく、病院に慣らすためでもあり、健康な状態を獣医師に知っておいてもらうためでもあります。健康な状態を知っていれば、いざ病気になったとき、診断の役に立ちます。

家庭で毎日健康チェックをすることも大切ですが、外見だけではわからない病気もあるので、定期的に病院で健康診断を受けましょう！

アンゴラ校長

触診

体に触れながら、異常や腫れやしこりがないかをチェックしていきます。

聴診

呼吸音や心音、胃腸の蠕動音（ぜんどうおん）などを聴き、異常を発見します。

血液検査

内臓機能や感染症の有無などを調べます。

レントゲン

頭部や胸部、腹部をX線を当てて撮影します。

超音波検査

腹部などに超音波を当て、その反射波の画像で腫瘍などの有無をチェックします。

ポイント4

ケージから出して自由に遊ばせよう

環境に慣れて、家の中が安全だとわかると、うさぎは自分の好きなように遊び始めます。走ったり、ぬいぐるみをくわえたり、すみっこを掘ったり、その子によって好きな遊びは異なります。ケージの外で遊ぶことで、適度な運動になり、脳や消化管の働きも活発になります。しかし、ケージの外には危険なものもあるので、出す前に安全を確認するようにしましょう。

室内の安全チェック

- □毒性のある植物（※）はないか
- □電気コードはかじられないようにしてあるか
- □口に入ると危険なものは落ちていないか
- □人間の手が届かないすき間に入り込めないようになっているか
- □高いところに登れるようになっていないか

など

※うさぎがかじると危険な植物
アサガオ、スイセン、スズラン、ポインセチア　など

ポイント5

ストレスを与えないようにしよう

何にストレスを感じるかは、うさぎによって異なります。たとえば、外に出るのが好きなうさぎもいますが、中には外に出るのがストレスでしかないうさぎもいます。飼い主さんにかまってほしいうさぎもいれば、かまわれるのがストレスなうさぎもいます。環境や飼い方でストレスを与えないことはもちろん、良かれと思ってやったことがうさぎにとってストレスではないかも考えてみるようにしましょう。

こんなことがストレスになることも

- いつも見られている
- ほかの動物と暮らす
- 長時間の抱っこ
- ほかのうさぎと会う
- 洋服を着ること
- 人間の子ども

うさぎ学校は永遠に

うさお先生
たいへん！
どうしましたか？
わたしの
飼い主ちゃんが
なんと動物病院の
先生になりたいって
言ってるの！
え〜
すごい
じゃない！
わたし
病院ぎらいなのにぃ〜
でも
アネゴは
飼い主ちゃんのことが
大好きなんだから
病院も好きになれるかもよ

それもそうね
アッサリ
……
で うちの飼い主ちゃんが言っていたけど犬や猫に比べてうさぎはまだわからないことが多いんだって
確かに獣医学部でペットについて学ぶのは犬と猫だけでうさぎについてはまだ研究がそれほどされてはいませんね
裏を返せばそれだけうさぎは可能性を秘めた動物ってことですよね
そのとおり!
そうか!
そうだね
これからも飼い主さんといっしょに うさぎについていろいろ学んでいきましょう!
ハーイ

みわエキゾチック動物病院　院長

（み　わ　やす　つぐ）

2000年より東京大学付属動物医療センターの研修医となり、現在ではエキゾチック動物診療科の責任者を担う。2006年に、うさぎやハムスター、鳥などのエキゾチック動物診療を専門とした、「みわエキゾチック動物病院」を開院。専門知識が豊富な獣医師や看護師が数多く在籍し、日々の健康管理から高度医療まで、飼い主の意見を尊重しながら、それぞれの動物に最適な治療を行っている。

みわエキゾチック動物病院　東京都豊島区駒込1-25-5
http://miwaah.com/

（もり　やま　しな　こ）

神戸出身、福島県在住、うさぎのイラストレーター。Instagramのフォロワーが8万人を超え、海外のファンも多い。WEBや出版物の挿絵、企業とのコラボ商品、個展やイベントでのグッズ販売、LINEスタンプ販売など活躍は多岐に渡る。保護うさぎのためのチャリティ活動も行う。

公式サイト
https://schinako.wordpress.com/

Instagram
https://www.instagram.com/schinako/

STAFF

イラスト・マンガ	森山標子
カバー・本文デザイン	片渕涼太（H.PP.G）
DTP	長谷川慎一（有限会社ゼスト）
	今井康行（株式会社高山）
編集担当	伊藤佐知子（株式会社スリーシーズン）

本書の内容に関するお問い合わせは、**書名、発行年月日、該当ページを明記**の上、書面、FAX、お問い合わせフォームにて、当社編集部宛にお送りください。**電話によるお問い合わせはお受けしておりません**。また、本書の範囲を超えるご質問等にもお答えできませんので、あらかじめご了承ください。

FAX：03−3831−0902

お問い合わせフォーム：http://www.shin-sei.co.jp/np/contact-form3.html

落丁・乱丁のあった場合は、送料当社負担でお取替えいたします。当社営業部宛にお送りください。

うさぎドリル

2019年11月25日　初版発行

監修者　三輪恭嗣
発行者　富永靖弘
印刷所　株式会社高山

発行所　東京都台東区台東2丁目24　株式会社 新星出版社
〒110-0016 ☎03（3831）0743

ISBN978-4-405-10530-0